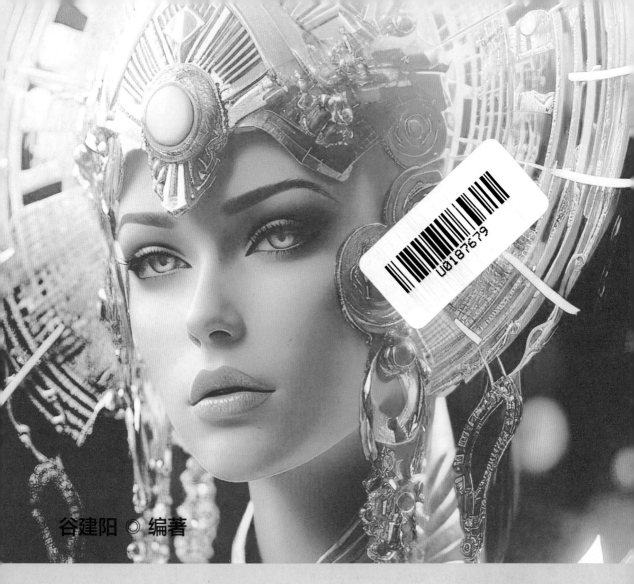

谷建阳 ◎ 编著

ChatGPT内容生成
指令与范例大全

清华大学出版社
北京

内 容 简 介

本书主要讲解ChatGPT内容生成指令与范例,从以下两条线进行。一是"指令线",通过列举30个经典AI应用领域,讲解指令的用法,包括赋予AI身份、设置对话背景、明确主题、开启对话、获得首次回复、获得相关建议、提供需求提示、提出优化要求生成高效内容的指令编写流程,帮助大家建立拟写指令的思路,掌握ChatGPT的用法和操作技巧。二是"案例线",精选135个热门AI应用案例,帮助读者一次性全面精通AI在求职招聘应用、智能办公、视频文案、电商文案、直播文案、影视创作、AI绘画、新媒体文案、新闻传媒、社交媒体动态、金融投资、企业管理、采购管理、程序开发、数学推理、学术领域、公文写作、文艺创作、小说编写、故事创作、外语翻译、创意设计、音乐创作、教育应用、医疗咨询、法律咨询、生活服务、娱乐项目、游戏研发、沟通话术等方面的应用。

本书内容以实战为主,适合以下人员阅读:一是文字工作者;二是人工智能领域的相关从业人员;三是电商商家、新媒体编辑、广告策划、短视频编导、作家和艺术工作者等人群;四是文学、语言、计算机科学与技术等专业的学生。

图书在版编目(CIP)数据

ChatGPT内容生成指令与范例大全/谷建阳编著.——北京:清华大学出版社,2024.6
ISBN 978-7-302-66219-8

Ⅰ.①C⋯　Ⅱ.①谷⋯　Ⅲ.①人工智能　Ⅳ.①TP18

中国国家版本馆CIP数据核字(2024)第096770号

责任编辑:张　瑜
封面设计:杨玉兰
责任校对:周剑云
责任印制:刘海龙

出版发行:清华大学出版社
　　　　网　　　址:https://www.tup.com.cn, https://www.wqxuetang.com
　　　　地　　　址:北京清华大学学研大厦A座　　　　邮　　编:100084
　　　　社 总 机:010-83470000　　　　　　　　　　邮　　购:010-62786544
　　　　投稿与读者服务:010-62776969, c-service@tup.tsinghua.edu.cn
　　　　质量反馈:010-62772015, zhiliang@tup.tsinghua.edu.cn

印 装 者:三河市君旺印务有限公司
经　　销:全国新华书店
开　　本:185mm×260mm　　　印　　张:15.75　　　字　　数:380千字
版　　次:2024年6月第1版　　　印　　次:2024年6月第1次印刷
定　　价:89.80元

产品编号:104096-01

前言

在 AI 技术高速发展、AI 产品层出不穷的时代背景下，与其思考"AI 是否会取代人类？"这一问题，倒不如先发制人，成为能够巧用、活用 AI 产品的人。相比于对 AI 一无所知，或停留在盲目的、恐慌的认知中的人，做一个主动出击、了解 AI 技术发展和善于运用 AI 产品的人会更占优势，且我国一直将"锐意进取""主动防范化解风险"等精神放在重要的位置上，在新时代新思想的鼓舞中，我们理应有所行动，此书便是一个实践。

在生成式 AI 发展到一定水平的背景下，我们致力于为读者提供一种全新的学习方式，以 ChatGPT 为核心平台，讲解 ChatGPT 的应用技巧，帮助大家掌握 AI 指令编写的方法，更好地适应时代发展的需要。本书为读者提供了 135 个实用指令与范例，从编写指令初次提问到优化细节追加提问，帮助读者全方位熟悉 ChatGPT 高效应用技巧的同时，获得不同行业 AI 指令的应用指南。

综合来看，本书有以下 3 个亮点。

（1）内容全面。本书详细介绍了 30 个热门行业的常用 AI 指令，并分别通过实操案例为读者详细介绍 ChatGPT 响应用户指令生成相应内容的过程，让读者即便是零基础也能够掌握 AI 指令的编写技巧。同时，本书还针对每个指令进行了详细的说明和示例，以便读者更好地理解和应用所学知识。

（2）视频教学。本书全部的操作案例，都录制了同步的高清教学视频，共 60 多分钟，大家可以边看边学，边学边用。

（3）实战练习。本书提供了 140 多个素材效果文件和 160 多个指令，方便读者实战操作练习，提高自己运用 ChatGPT 的能力。

本书部分章节配有二维码，手机扫码就可以观看学习。其他素材、效果、指令请扫下面的二维码获取。

素材　　　　　　效果　　　　　　指令

特别提示：本书在编写时所用的实际操作图片是基于 ChatGPT-3.5 版本的界面截取的，但本书从编辑到出版需要一段时间，这些工具的功能和界面可能会有变动，请在阅读时，根据书中的思路举一反三进行学习。需要注意的是，即使是相同的关键词，ChatGPT 每次的回复也会有差别，因此在扫码观看教程视频时，读者应把更多的精力放在 ChatGPT 关键词的编写和实操步骤上。

    本书由谷建阳编著，参与编写的人员还有朱霞芳，在此表示感谢。由于编写水平有限，书中难免有不妥之处，请读者批评指正。

编者

目录

第1章 求职招聘应用指令与范例

ChatGPT 最常用于职场，在职场中，ChatGPT 能够为用户提供建议和指导，让用户规划自己的职业生涯、提升自己的工作技能和丰富自己的文化知识。本章将为大家介绍 ChatGPT 在求职招聘应用中的指令与范例。

001 指令应用步骤

在职场中 ChatGPT 能够为求职者、招聘者和工作人员提供职业规划指导和建议。例如，ChatGPT 可以调取各行各业的信息，为用户提供职业规划方面的建议和指导。用户通过与 ChatGPT 对话，可以更好地了解自己的优势、兴趣，从而做出明确的职业规划。

有效、准确的指令可以让 ChatGPT 生成高效、有价值的回复。用户若想要编写出有效、准确的指令，需要结合实际的需求和明确的主题等。

本节以让 ChatGPT 指导职业规划为例，详细介绍向 ChatGPT 发出指令的操作步骤。

STEP 01 设置对话背景：在 ChatGPT 输入框中输入指令，如"进行个人职业规划，需要综合哪些信息？"，如图 1-1 所示。

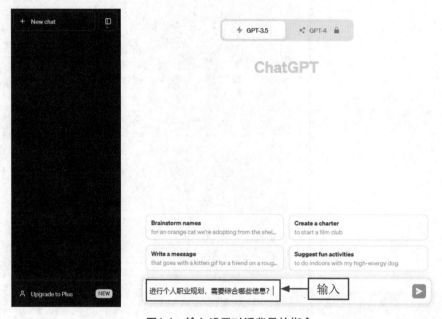

图1-1 输入设置对话背景的指令

STEP 02 获得首次回复：单击输入框右侧的发送按钮 ▶ 或按 Enter 键确认，ChatGPT 即会给出职业规划方面的信息，如图 1-2 所示。

STEP 03 提供需求提示：在输入框中继续输入指令，如"我是一名拥有 3 年小学英语教学经验的教师，擅长英语口语，我对阅读文学作品感兴趣，接下来我应该如何规划我的职业生涯？"，向 ChatGPT 提供个人背景信息，按 Enter 键确认，ChatGPT 即会给出职业规划的建议，如图 1-3 所示。

进行个人职业规划时，需要综合考虑多个方面的信息，以确保制订出符合个人目标和能力的可行计划。以下是一些需要综合考虑的关键信息：

1. **个人价值观和兴趣：** 首先要明确自己的价值观和兴趣，确定自己喜欢做什么，对什么感兴趣，以及在工作中重视哪些价值观，例如工作与家庭的平衡、社会责任感等。
2. **职业目标：** 确定短期和长期职业目标，包括职业发展、职位和薪水等方面的目标。这有助于明确自己希望在职业生涯中取得的成就。
3. **个人技能和能力：** 评估自己的技能和能力，包括专业技能、领导能力、沟通能力、解决问题的能力等。这有助于确定适合自己的职业领域和角色。
4. **教育和培训需求：** 确定是否需要进一步的教育、培训或认证来提高自己的技能水平，并达到职业目标。
5. **市场趋势和行业信息：** 研究所在的行业和领域的趋势，了解哪些职业有望增长，哪些可能会衰退。这有助于选择具有前景的职业。
6. **个人情况：** 考虑个人生活情况，如家庭状况、地理位置、可用时间等因素。这些因素会影响到选择职业的可行性和适应性。
7. **职业市场竞争：** 研究竞争情况，了解在目标职业领域中的竞争程度，以及如何提高自己在市场上的竞争力。
8. **薪酬和福利：** 确定自己对薪酬和福利的期望，以及在不同职业中可以获得的收入水平和福利待遇。
9. **职业生涯规划：** 制定一个职业生涯规划，包括短期和长期的目标、关键的职业里程碑和发展路径。
10. **人际关系和网络：** 考虑与同事、导师、朋友建立和维护的人际关系和专业网络，这对于职业发展非常重要。
11. **个人财务规划：** 确保职业规划与个人财务目标和计划相一致，包括储蓄、投资和退休计划。
12. **自我评估和反馈：** 定期评估职业规划的进展，接受反馈，根据需要进行调整和改进。

图1-2　ChatGPT给出的职业规划方面的信息

根据你的背景和兴趣，你可以考虑以下职业生涯规划方向：

1. **继续教育和专业发展：** 考虑进一步提升你的教育水平，例如获得硕士学位或教育相关的专业认证，这可以增强你的教学技能，并提供更多的职业机会。
2. **教育领导角色：** 如果你有领导才能和经验，可以考虑担任学校或教育机构的教育领导职位，如教育主管、校长助理或课程协调员。
3. **英语口语培训师或私教：** 利用你擅长的英语口语技能，考虑成为英语口语培训师或私人英语教师。这可以是在线或线下的工作，满足学生对口语能力的需求。
4. **文学爱好者和作家：** 如果你对阅读文学作品感兴趣，可以开始写作或参与文学社区。你可以成为文学评论家、博客作者或参与文学活动，如书籍俱乐部。
5. **教育科技领域：** 考虑在教育科技领域寻找机会，参与开发教育应用程序、在线课程或教育技术培训。
6. **国际教育：** 如果你对国际文化和教育有兴趣，可以考虑在国际学校或留学机构担任教职，或者参与教育交流项目。
7. **继续在小学教育领域工作：** 如果你热爱小学教育，可以寻求更高级别的职位，如年级主管或特殊教育教师，以扩展你的教育领域。
8. **创业和自我就业：** 如果你有创业精神，可以考虑创建自己的英语培训中心，提供个性化的英语口语培训。
9. **社会活动和志愿者工作：** 利用你的教育经验，参与社会活动和志愿者工作，如儿童读书俱乐部或教育项目，来回馈社会。
10. **不断学习和更新知识：** 无论你选择哪个方向，都要保持学习和更新知识的习惯，特别是关于教育和英语语言方面的知识。

图1-3　ChatGPT给出的职业规划的建议

STEP **04** 提出优化要求：在输入框中继续输入指令，如"将阅读文学作品和教学结合起来，有哪些可行性方案？"，提炼出对职业发展有帮助的信息进行追问，按 Enter 键确认，ChatGPT 即会给出更深入的职业规划建议，如图 1-4 所示。

将阅读文学作品与教学结合起来是一种创新和有趣的方式，可以激发学生对文学的兴趣，提高他们的阅读和写作能力。以下是一些可行性方案：

1. **文学课程设计**：为你的学生设计文学课程，选取经典文学作品或现代文学作品，并使用这些作品来教授阅读、分析和写作技能。你可以根据年级和学生水平来选择适当的文学作品。
2. **文学圈子或书籍俱乐部**：创建一个学生文学圈子或书籍俱乐部，鼓励学生自主选择和阅读文学作品，并定期进行讨论和分享。这有助于培养学生的阅读兴趣和批判性思维。
3. **文学分析和写作作业**：设计文学分析和写作作业，要求学生选择一部文学作品，分析其情节、主题、角色和象征，并撰写分析性文章或创意写作作品。
4. **戏剧表演**：将文学作品改编成戏剧剧本，并鼓励学生参与戏剧表演。这可以提高他们的表达能力和理解文学作品的深度。
5. **文学周或文学节**：组织学校内的文学周或文学节，让学生参与各种与文学有关的活动，如朗诵比赛、文学讲座、创意写作竞赛等。
6. **文学研究项目**：鼓励学生选择一个特定的文学主题或作家，并进行深入的研究项目。这可以培养他们的研究和写作技能。
7. **创造性写作工作坊**：设计创造性写作工作坊，引导学生创作自己的文学作品，如短篇小说、诗歌或散文。
8. **文学历史和文化研究**：教授学生文学作品的历史和文化背景，帮助他们更深入地理解作品的背景和影响。
9. **多媒体项目**：鼓励学生使用多媒体技术，如制作视频、音频播客或数字故事，来表达他们对文学作品的理解和感受。
10. **文学评价和评论**：鼓励学生参与文学评论，写博客文章或社交媒体帖子，分享他们对文学作品的看法和评价。

图1-4 ChatGPT给出的更深入的职业规划建议

在上述示例中，设置对话背景是为了确认 ChatGPT 对职业规划的信息有所了解；提供需求提示则是让 ChatGPT 真正地给予用户职业规划帮助，因此在这一步骤中，用户应提供充分的个人背景信息；提出优化要求则是用户对 ChatGPT 给出的建议进行考量，将有帮助的部分提炼出来，并继续追问更多的可操作性方案。

002 面试指导范例

作为求职者，会经历各式各样的面试场景，并且或多或少都会因为面试过程中的不确定性而紧张、失措。而 ChatGPT 可以响应用户的指令，配合用户充当面试官提前预想问题或预演情境以帮助用户缓解紧张情绪，同时为用户提供就业指导。

用户运用 ChatGPT 咨询面试指导时可以采用以下指令模板进行提问。

❶ 预想问题：你现在是×××（职位）的面试官，请分享在×××（职位）面试时最常问的××（数字）个问题。

❷ 预演情境：你现在是一个×××（职位）面试官，而我是要应征×××（职位）的面试者。你需要遵守以下规则：1. 你只能问我有关×××（职位）的面试问题。2. 不需要写解释。3. 你需要像面试官一样等我回答问题，再提问下一个问题，你的第一句话是，你好。

采用指令模板向 ChatGPT 寻求面试指导的示例如图 1-5、图 1-6 所示。可以看出，ChatGPT 响应指令给出了面试问题，用户可以根据这些问题，做好面试准备，这样既能缓解面试的紧张心情，又能增加面试成功的概率。

你现在是婚纱摄影师的面试官，请分享在婚纱摄影师面试时最常问的10个问题

作为婚纱摄影师的面试官，以下是一些常常问到的10个问题，用于评估申请人的技能、经验和适应性：

1. 请介绍一下您的摄影背景和经验，以及为什么对婚纱摄影感兴趣。
2. 您的摄影风格是什么？您有什么特别的拍摄偏好或签名风格吗？
3. 您是如何处理不同光线条件和拍摄环境的？可以分享一些应对挑战的经验吗？
4. 如何与客户建立良好的沟通和信任关系，以确保他们满意的照片？
5. 您如何规划和准备婚礼拍摄？有什么特殊的策略或工具可以提高效率和质量？
6. 您在后期处理照片方面有什么经验？使用哪些工具和软件进行后期处理？
7. 您如何处理紧急情况或突发问题，例如相机故障或意外天气变化？
8. 您是否有团队合作经验，例如与化妆师、摄像师或婚礼协调员合作？如何协调工作以确保顺利进行？
9. 您是否有经验处理不同类型的婚礼，例如室内、室外、目的地婚礼或不同文化背景的婚礼？
10. 您能否提供以前的婚纱摄影作品或客户推荐信，以证明您的专业能力和客户满意度？

这些问题旨在了解申请人的专业知识、技能和工作方式，以确保他们能够胜任婚纱摄影师的角色。同时，面试也是一个机会，让申请人展示他们的热情和创意，以及与客户和团队合作的能力。

图1-5 ChatGPT给出婚纱摄影师面试问题示例

 你现在是一个婚纱摄影师面试官，而我是要应征婚纱摄影师的面试者。你需要遵守以下规则：1. 你只能问我有关婚纱摄影师的面试问题。2. 不需要写解释。3. 你需要像面试官一样等我回答问题，再提问下一个问题。你的第一句话是，你好。

 你好！请介绍一下您的摄影背景和经验，以及为什么对婚纱摄影感兴趣。

图1-6 ChatGPT充当面试官与用户对话示例

运用上述提问指令，用户可以获得ChatGPT提供的对应岗位的面试问题参考。此外，用户也可以让ChatGPT对某个面试问题进行回答，为自己的面试助力。

003 简历优化范例

简历是人在求职面试时的敲门砖，好的简历能够体现出一个人的专业水平、职业习惯、工作态度等，可以给面试官留下好的印象。用户可以运用ChatGPT，让它协助我们制作出一份好的简历。

用户运用ChatGPT进行简历优化时可以采用以下指令模板进行提问。

以下是我的相关信息，请你从面试官的角度，提出具体的修改建议，并生成一份个人简历（另起一行，描述个人信息）

采用指令模板让ChatGPT优化简历的示例如图1-7所示。

CH 以下是我的相关信息，请你从面试官的角度，提出具体的修改建议，并生成一份个人简历
我的信息：
毕业院校：××大学
最高学历：本科
所学专业：广告学
求职意向：文案策划
工作年限：1年
工作经历：在×××互联网公司，担任营销策划部文案专员，主要负责撰写策划文案、品牌推
广文案和公司活动文案；配合设计师实现创意方案；协助整理各项目的新媒体软文
语言能力：英语四级
自我评价：喜欢广告策划和创意设计，擅长写作和思考，有扎实的文字功底和丰富的想象
力，有一定的网感和社会动态捕捉能力。另外，能够熟练操作PS图像制作软件和Office办公软
件，熟练应用文写作和基本的英语交流。

作为面试官，我会提出以下修改建议，并为您生成一份个人简历：

修改建议：

1. **简历格式：** 确保简历格式简洁、清晰，容易阅读。使用标准字体和排版。
2. **联系信息：** 请提供完整的联系信息，包括姓名、电话号码、电子邮件地址和居住地。
3. **求职目标：** 在开头明确您的求职目标，强调您的兴趣和资格与文案策划岗位的契合度。
4. **学历信息：** 提供毕业院校、最高学历和所学专业的详细信息，包括毕业日期。
5. **工作经历：** 详细描述您的工作经历，包括工作职责、项目成就和具体的贡献。使用动词强调
   您的职责和技能。
6. **语言能力：** 指出您的英语四级证书，并可以考虑添加口语能力或其他语言能力。
7. **技能：** 列出您的技能，包括熟练使用的软件和工具，如PS图像制作软件和Office办公软件。
8. **自我评价：** 保持自我评价简明扼要，强调您的优势和与文案策划岗位相关的技能和特质。
9. **新增项目：** 如果有相关项目经验，可在工作经历中添加项目部分，详细说明您在项目中的角
   色和贡献。

个人简历示例：

Office

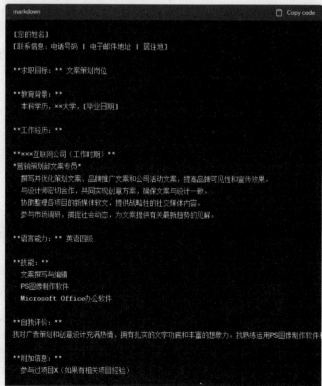

```markdown
[您的姓名]
[联系信息：电话号码 | 电子邮件地址 | 居住地]


**求职目标：** 文案策划岗位


**教育背景：**
  本科学历，××大学，[毕业日期]


**工作经历：**


**×××互联网公司（工作时间）**
*营销策划部文案专员*
- 撰写并优化策划文案、品牌推广文案和公司活动文案，提高品牌可见性和宣传效果。
- 与设计师密切合作，共同实现创意方案，确保文案与设计一致。
- 协助整理各项目的新媒体软文，提供战略性的社交媒体内容。
  参与市场调研，捕捉社会动态，为文案提供有关最新趋势的见解。


**语言能力：** 英语四级


**技能：**
  文案撰写与编辑
- PS图像制作软件
  Microsoft Office办公软件


**自我评价：**
我对广告策划和创意设计充满热情，拥有扎实的文字功底和丰富的想象力。我熟练运用PS图像制作软件和

**附加信息：**
  参与过项目X（如果有相关项目经验）
```

图1-7　ChatGPT给出简历修改建议和生成简历示例

◎ **专家指点**

当 ChatGPT 的代码框中没有显示完整的文本内容时，用户可以通过拖曳代码框底部滑块的方式查看没有显示的代码内容。

在让 ChatGPT 进行简历优化时，用户应尽可能多地提供自己的个人情况、工作经历和技能，确保 ChatGPT 可以依据信息来修改简历。

004 / 招聘启事范例

对于企业来说，招聘启事是广纳人才的有效途径。通过招聘启事上的信息，企业可以找到有针对性的人才，人们也可以有针对性地找到满意的工作。在 ChatGPT 的帮助下，企业可以轻松获得特定岗位的招聘启事。

用户运用 ChatGPT 生成招聘启事时可以采用以下指令模板进行提问。

×××公司主营×××（服务类型）业务，为了×××（招聘原因），急需招聘×（数量）名×××人员，请结合×××人员的技能，帮×××公司写一份招聘启事

采用指令模板让 ChatGPT 生成招聘启事的示例如图 1-8 所示。

Re公司是主营海外化妆品代购业务的，为了扩大市场，现急需招聘5名采购人员，请结合采购人员的技能，帮Re公司写一份招聘启事

招聘启事

公司名称：Re公司

职位：采购人员(5名)

工作地点：公司总部（地点）

公司简介：
Re公司是一家专注于海外化妆品代购业务的公司，致力于为我们的客户提供高质量、国际品牌的化妆品产品。我们秉承着品质至上的原则，不断扩大我们的产品线并提供卓越的购物体验。为了满足不断增长的市场需求，我们急需招聘五名优秀的采购人员加入我们的团队。

职位描述：
作为Re公司的采购人员，您将扮演着至关重要的角色，负责寻找并采购高质量的化妆品产品，以满足客户需求。您将与国际供应商合作，确保我们的产品符合公司的质量标准，并具备竞争力的价格。以下是您的主要职责：

1. **供应商关系管理**：建立、维护和加强与国际供应商的关系，确保稳定的产品供应。
2. **市场研究**：深入了解国际化妆品市场趋势，以提供市场竞争性的产品选择。

图1-8　ChatGPT生成招聘启事示例

3. **成本控制:** 确保采购过程中的成本控制,以维持产品的竞争价格。

4. **质量控制:** 确保所采购的产品符合公司的质量标准和客户期望。

5. **库存管理:** 确保库存水平的合理管理,以满足市场需求和客户订单。

6. **协调团队:** 与销售、物流和客户服务团队协作,确保顺畅的供应链运作。

职位要求:

为了成功担任采购人员的角色,我们希望您具备以下技能和特质:

1. **采购经验:** 具备一定的采购经验,特别是具备化妆品或相关领域的经验者将被优先考虑。

2. **市场敏感性:** 对化妆品市场趋势有敏锐的观察力,能够做出明智的采购决策。

3. **供应商管理:** 良好的供应商关系管理技能,能够建立并维护长期合作关系。

4. **谈判技巧:** 出色的谈判技巧,以获得最有利的交易条件。

5. **团队合作:** 能够与跨职能团队紧密协作,确保顺畅的业务运作。

6. **自驱动:** 良好的自我管理和组织能力,能够在繁忙的环境中有效工作。

7. **流利的英语:** 流利的英语口语和书面沟通能力,因为您将与国际供应商合作。

如果您满足上述要求,并希望加入我们充满激情的团队,那么请将您的简历和一封求职信发送至 [公司邮箱]。请在邮件主题中注明"采购人员职位申请 - 您的姓名"。我们期待着您的加入,一同为Re公司的成功发展添砖加瓦。

截止日期: [截止日期]

Re公司是一个提供平等机会的雇主,鼓励各种背景的候选人申请此职位。

图1-8 ChatGPT生成招聘启事示例(续)

在 ChatGPT 生成招聘启事后,用户还可以将自身公司的情况和对招聘人员的要求提供给 ChatGPT,让 ChatGPT 生成更有针对性、可行性的招聘启事。

第 2 章　智能办公指令与范例

　　人工智能的发展渗透到各行各业，开启了智能办公的新时代，ChatGPT 的广泛应用更是加速了智能办公的进程。工作人员可以运用 ChatGPT 高效地处理 Word 文档、Excel 表格、PPT 展示文稿等，极大地提高了办公效率。本章为大家介绍将 ChatGPT 用于智能办公的指令与范例。

005 / 指令应用步骤

扫码看视频

　　ChatGPT 具备文本处理、数据分析能力，能够完成 Word 文档中的文本处理、Excel 表格中的数据分析和 PPT 大纲制作等任务。在 ChatGPT 的帮助下，职场人员可以高效地处理琐碎的事务，将精力放在更为重要的工作上，从而提高工作效率和质量。

　　本节以让 ChatGPT 处理 Word 文档中的文本为例，详细介绍 ChatGPT 用于智能办公的操作步骤。

STEP 01 明确主题：确定要进行处理的文本内容。打开一个 Word 文档，其中显示了各办公室物件领用汇总统计，工作内容是需要对这些物件进行分类处理。选择需要处理的文本内容，按 Ctrl+C 组合键复制内容，如图 2-1 所示。

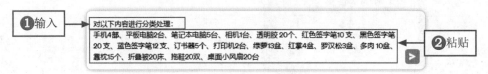

图2-1　复制选择的内容

STEP 02 提出需求：打开 ChatGPT 的对话窗口，❶在输入框中输入"对以下内容进行分类处理："；❷按 Shift+Enter 组合键换行并粘贴所复制的文本内容，如图 2-2 所示。

图2-2　在输入框中输入内容

STEP 03 获得回复：按 Enter 键确认，ChatGPT 即可进行文本分类处理，如图 2-3 所示。

　　根据提供的内容，可以将物品进行分类如下：

电子设备类：
1. 手机4部
2. 平板电脑2台
3. 笔记本电脑5台
4. 相机1台
5. 打印机2台
6. 桌面小风扇20台

办公用品类：
1. 透明胶20个
2. 红色签字笔10支
3. 黑色签字笔20支
4. 蓝色签字笔12支
5. 订书器5个

植物类：
1. 绿萝13盆
2. 红掌4盆
3. 罗汉松3盆
4. 多肉10盆

家居用品类：
1. 靠枕15个
2. 折叠被20床
3. 拖鞋20双

图2-3　ChatGPT进行文本分类处理

STEP 04 优化回复：在 ChatGPT 的输入框中继续输入指令，如"将以上内容整理成表格"，按 Enter 键确认，ChatGPT 即会将文本内容整理成表格，如图 2-4 所示。

以下是将提供的内容整理成表格的方式：

类别	物品	数量
电子设备类	手机	4部
	平板电脑	2台
	笔记本电脑	5台
	相机	1台
	打印机	2台
	桌面小风扇	20台
办公用品类	透明胶	20个
	红色签字笔	10支
	黑色签字笔	20支
	蓝色签字笔	12支
	订书器	5个
植物类	绿萝	13盆
	红掌	4盆
	罗汉松	3盆
	多肉	10盆
家居用品类	靠枕	15个
	折叠被	20床
	拖鞋	20双

图2-4　ChatGPT将文本内容整理成表格

STEP 05 返回保存：复制 ChatGPT 制作的表格，在 Word 文档中将原文删除，粘贴 ChatGPT 制作的表格，如图 2-5 所示，即可完成文本分类任务。

各办公室物件领用汇总统计：

类别	物品	数量
电子设备类	手机	4 部
	平板电脑	2 台
	笔记本电脑	5 台
	相机	1 台
	打印机	2 台
	桌面小风扇	20 台
办公用品类	透明胶	20 个
	红色签字笔	10 支
	黑色签字笔	20 支
	蓝色签字笔	12 支
	订书器	5 个
植物类	绿萝	13 盆
	红掌	4 盆
	罗汉松	3 盆
	多肉	10 盆
家居用品类	靠枕	15 个
	折叠被	20 床
	拖鞋	20 双

←── 粘贴

图2-5　粘贴制作的表格

在上述示例中，提出需求的步骤即提示 ChatGPT 需要做什么，让 ChatGPT 能够根据提示完成相应的文本任务；优化回复的步骤是结合用户的实际需求继续追问，尽可能地让 ChatGPT 生成的答案能够符合用户的要求。

用户后续还可以在 Word 文档中对表格进行格式、字体、大小等方面的调整，让文本具有实用性的同时，也具有观赏性。

006 Excel 公式范例

处理 Excel 表格也是办公时的常见工作。Excel 中内置了 400 多种函数公式，能够满足用户进行统计、判断、查找以及筛选等数据处理和分析工作的需求。用户可以向 ChatGPT 询问函数公式，然后在 Excel 中进行智能运算，这样既便捷又不易出错。

用户运用 ChatGPT 进行 Excel 数据分析时可以采用以下指令模板进行提问。

在 Excel 工作表中，需要编写一个计算公式，在××（行数和列数）单元格中计算 ××:××（行数和列数的范围）单元格的 ×××（平均值/累计求和/排名等）

采用指令模板向 ChatGPT 询问 Excel 函数公式的示例如图 2-6 所示。

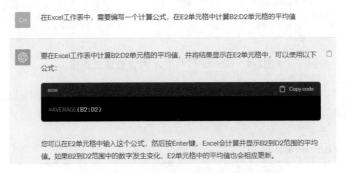

图2-6　ChatGPT给出Excel函数公式示例

将 ChatGPT 提供的函数公式复制到 Excel 工作表中，即可批量计算出平均值，效果如图 2-7 所示。

	E2		fx	=AVERAGE(B2:D2)		
	A	B	C	D	E	F
1	商品	1季度销量	2季度销量	3季度销量	平均值	
2	商品A	430	780	1100	770	
3	商品B	530	524	425	493	
4	商品C	550	682	330	520.6666667	
5	商品D	600	1050	340	663.3333333	
6						
7						

图2-7　批量计算出平均值效果

007 PPT 内容范例

ChatGPT 具备强大的信息储备能力和强大的创造力，用户可以通过 ChatGPT 生成 PPT 主题、封面页、大标题和副标题、目录大纲以及指定页数的内容等，形成完整的 PPT 演示文稿。

用户运用 ChatGPT 生成 PPT 内容时可以采用以下指令模板进行提问。

❶ 询问建议：我需要制作主题为 ××× 的 PPT ×××（封面页、副标题、目录大纲），你有什么好的建议？

❷ 提出需求：提供主题为 ××× 的 PPT×××（封面页、副标题、目录大纲），××（节数、页数）左右即可。

采用指令模板让 ChatGPT 生成 PPT 内容的示例如图 2-8、图 2-9 所示。

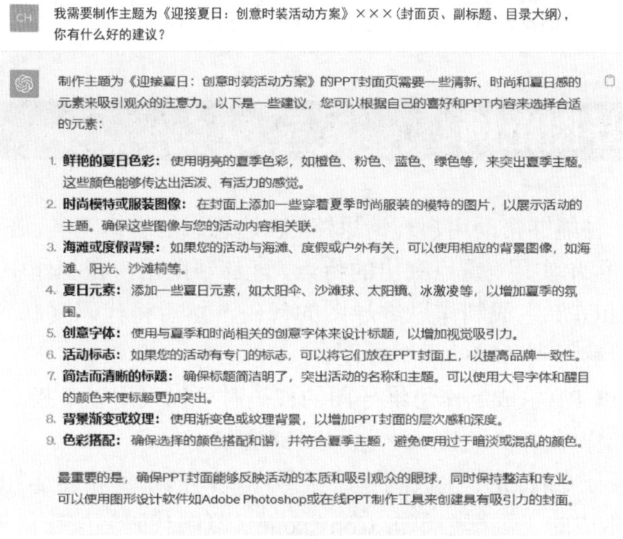

图2-8　ChatGPT生成PPT内容示例（1）

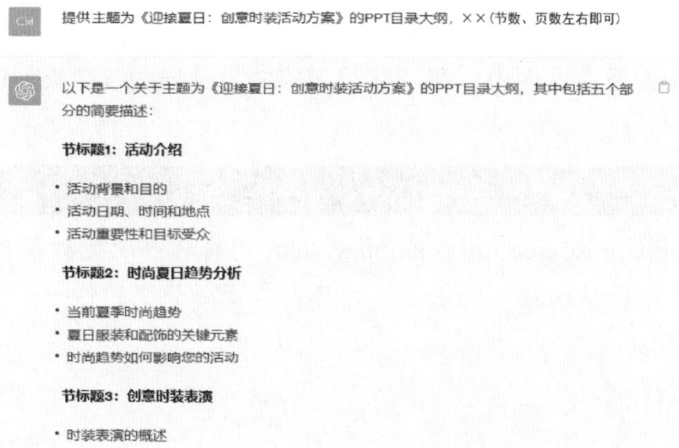

图2-9　ChatGPT生成PPT内容示例（2）

- 参与设计师和品牌介绍
- 表演流程和亮点
- 背后的创作过程和灵感

节标题4: 时尚活动互动与体验

- 参与者互动和体验的重要性
- 互动展览或摊位的介绍
- 时尚工作坊和体验活动
- 参与者如何参与和享受活动

节标题5: 推广和营销策略

- 活动宣传和营销渠道
- 社交媒体推广策略
- 合作伙伴关系和赞助商
- 参与者注册和票务信息

您可以根据这个大纲来制作详细的PPT内容,以确保您的观众了解活动的背景、时尚趋势、活动细节、互动体验和推广策略。这将有助于让您的PPT呈现出清晰的结构和内容,便观众更容易理解和参与。

图2-9　ChatGPT生成PPT内容示例（2）（续）

008 / 思维导图范例

　　思维导图是一种能够帮助用户理清思路、表达思想的思维工具,在办公中极为常见,它具有图文并茂、简单实用、重点突出的特点,能够帮助用户在工作中做出高效的决策。用户可以运用 ChatGPT 生成制作思维导图的代码,然后将代码复制到可以生成思维导图的网站中,便能够得到所需的思维导图。

　　用户运用 ChatGPT 生成制作思维导图的代码时可以采用以下指令模板进行提问。

　　提供一个 OPML 代码格式的 ××× 规划 / 大纲

　　采用指令模板让 ChatGPT 生成制作思维导图代码的示例如图 2-10 所示。

　　在 ChatGPT 生成的代码框中单击 Copy code（复制代码）按钮,复制并粘贴代码到记事本,保存并修改记事本的文件扩展名为 .opml。

　　在浏览器中搜索"幕布在线编辑",进入"幕布"官方网站,在"幕布编辑"页面中单击"导入 OPML（.opml）文件"按钮,找到我们前面保存好的代码文件并打开,将文件导入"幕布编辑"页面中,即可获得相应的思维导图,效果如图 2-11 所示。

> ◎ **专家指点**
>
> 　　HRIS 是 human resource information system 的简称,中文翻译为人力资源信息系统,是人力资源和信息技术的集成,发挥人力资源管理的作用。

CH 提供一个OPML代码格式的人力资源经理工作分类大纲

OPML（Outline Processor Markup Language）是一种用于表示大纲或层次结构的XML语言。您可以使用OPML来创建一个人力资源经理工作分类的大纲。以下是一个简单的示例：

```
<body>
  <outline text="人力资源经理工作分类">
    <outline text="招聘管理">
      <outline text="招聘策略" />
      <outline text="招聘流程管理" />
      <outline text="面试和选拔" />
    </outline>
    <outline text="员工关系">
      <outline text="员工培训与发展" />
      <outline text="员工绩效管理" />
      <outline text="员工福利管理" />
    </outline>
    <outline text="法律合规">
      <outline text="劳动法合规" />
      <outline text="平等就业机会" />
      <outline text="工资和工时法规" />
    </outline>
    <outline text="人力资源信息系统（HRIS）。" />
  </outline>
</body>
</opml>
```

图2-10 ChatGPT生成制作思维导图的代码示例

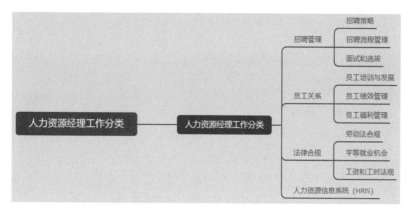

图2-11 获得相应的思维导图

第 3 章　视频文案指令与范例

在泛娱乐的时代背景下，浏览短视频作为主要的娱乐形式之一，深受大众的喜爱，这与短视频的脚本策划、内容表达和后期剪辑等制作技巧有密切关系，而短视频文案是短视频制作的核心，起着至关重要的作用。ChatGPT 可以帮助用户创作短视频文案，使短视频的制作事半功倍。本章将介绍使用 ChatGPT 创作视频文案的指令与范例。

009 指令应用步骤

扫码看视频

短视频文案是指在短视频平台上发布的视频描述或文字说明，包括短视频标题文案和分镜头脚本文案两大类，通常具有简洁、有趣、引人入胜等写作特点。借助ChatGPT 强大的文本数据储备能力，用户能够获得源源不断的创作灵感，从而创作出有创意、有吸引力的短视频文案。

本节以让 ChatGPT 生成短视频脚本文案为例，详细介绍使用 ChatGPT 协助视频制作的操作步骤。

STEP 01 赋予身份，询问建议：在 ChatGPT 输入框中输入指令，如"假设你是一位资深的短视频编导，请提供一些构思短视频脚本的建议"，然后按 Enter 键确认，ChatGPT 便会提供构思短视频脚本的建议，如图 3-1 所示，用户可以获得一些拍摄短视频的选题参考。

当构思短视频脚本时，关键是要确保你的故事或概念能够吸引观众，让他们留下深刻印象并分享你的视频。以下是一些建议，可以帮助你构思短视频脚本：

1. **独特性**：想出一个独特而引人注目的概念，能够在短时间内引起观众的兴趣。可以考虑与时事、流行文化或者独特的观点相关的主题。
2. **情感共鸣**：尝试触发观众的情感共鸣。情感是连接观众的强大工具，可以让他们对视频产生更深的情感投入。
3. **情节**：虽然是短视频，但仍然需要一个清晰的情节。构建一个简洁但引人入胜的故事，让观众能够跟随并理解。
4. **有趣的元素**：添加有趣、出其不意的元素，可以让你的视频更具吸引力。可以是幽默、意外或者奇怪的元素。
5. **视觉效果**：考虑如何使用视觉效果来增强你的视频吸引力。这包括摄影技巧、特殊效果、动画等。
6. **音乐和声音**：音乐和声音效果可以极大地增强观众的情感体验。选择适合主题的音乐，并确保声音质量良好。
7. **时间控制**：短视频通常在几十秒到几分钟之间。确保你的故事或概念适合所选择的时长，不要过于冗长或仓促。
8. **目标受众**：了解你的目标受众是谁，以及他们的兴趣和喜好。这可以帮助你选择合适的主题和风格。
9. **分享价值**：想想你的视频为观众提供了什么价值，是否能够教育、娱乐、启发或者触发思考。
10. **互动性**：如果可能的话，考虑添加一些互动元素，让观众参与进来，例如提问、投票或者挑战。

图3-1　ChatGPT提供的构思短视频脚本的建议

STEP 02 确定主题，提出需求：在输入框中继续输入指令，如"请以美食探店为主题，提供一个短视频脚本，要求：① 以表格的形式呈现，包含分镜序号、景别（中、近、远、特写等镜头）、画面描述、对话台词、时长等；② 视频总时长为30s"，按 Enter 键确认，ChatGPT 即会生成短视频脚本，如图 3-2 所示。

STEP 03 提出要求，优化脚本：在输入框中继续输入指令，如"请细化和丰富人物台词，增加人物的神态、动作等，从侧面增强美食店的吸引力"，按 Enter 键确认，ChatGPT 即会按照要求优化短视频脚本，如图 3-3 所示。

下面是一个以美食探店为主题的30秒短视频脚本，按照表格形式呈现：

分镜序号	景别	画面描述	对话台词	时长
1	远景	夜晚的城市街道，灯光闪烁，人们匆忙走过。	无	3秒
2	特写	主角微笑着走进一个小巷的餐厅。	无	2秒
3	中景	餐厅内部，温馨的氛围，人们在用餐，美食摆放得整齐。	无	4秒
4	特写	主角手持菜单，仔细研究。	主角：今天吃什么好呢？	3秒
5	特写	菜单上的美食图片，引人垂涎欲滴。	无	2秒
6	特写	主角点菜，服务员微笑接单。	服务员：好的，请稍等。	3秒
7	特写	美食上桌，热气腾腾，色香味俱佳。	无	4秒
8	特写	主角享受美食，表情愉悦。	主角：太好吃了！	3秒
9	近景	餐厅外的招牌，闪烁着店名和地址。	无	2秒
10	远景	主角满足地离开餐厅，背景是城市夜景。	无	4秒

图3-2　ChatGPT生成的短视频脚本

以下是细化和丰富人物台词、神态和动作的美食探店短视频脚本：

分镜序号	景别	画面描述	对话台词和动作	时长
1	远景	夜晚的城市街道，灯光闪烁，人们匆忙走过。	无	3秒
2	特写	主角微笑着走进一个小巷的餐厅。	主角拉开门，轻轻吸了一口餐厅的香气。	2秒
3	中景	餐厅内部，温馨的氛围，人们在用餐，美食摆放得整齐。	无	4秒
4	特写	主角手持菜单，仔细研究。	主角自言自语："今天吃什么好呢？"	3秒
5	特写	菜单上的美食图片，引人垂涎欲滴。	主角指着图片："这个看起来太美味了！"	2秒
6	特写	主角点菜，服务员微笑接单。	服务员友好地点头："好的，请稍等。"	3秒
7	特写	美食上桌，热气腾腾，色香味俱佳。	主角的眼睛亮了起来，感叹："哇，真的好看又好吃！"	4秒
8	特写	主角享受美食，表情愉悦。	主角闭上眼睛，慢慢品味，微笑着："太好吃了！"	3秒
9	近景	餐厅外的招牌，闪烁着店名和地址。	无	2秒
10	远景	主角满足地离开餐厅，背景是城市夜景。	主角擦擦嘴巴，满足地点头，观赏着夜景："再来一次！"	4秒

图3-3　ChatGPT按照要求优化的短视频脚本

当用户对 ChatGPT 生成的文案不太满意时，可以单击 Regenerate（重新生成）按钮，让 ChatGPT 重新生成文案，ChatGPT 即会响应同一个指令给出新的答案。

在上述示例中，赋予 ChatGPT 一定的身份，可以让 ChatGPT 给出更专业的回复，短视频编导身份可以确保 ChatGPT 给出的答案是基于编导行业相关的理论知识，使用户获得中肯的选题建议；在优化短视频脚本的步骤中，用户需结合 ChatGPT 的实际回复追加要求，这样可以获得更有实操性的短视频脚本。

010 视频口播文案范例

口播视频是短视频中最为常见的类型，它具有制作成本低、输出节奏快的特点。对于口播视频来说，口播文案是口播视频的核心内容，影响着视频的吸引力和传播速度。

口播文案相当于演讲人员的演讲稿，是博主输出内容的依据，要想制作出爆款的口播视频，则需要在撰写口播文案时稍下功夫。而巧用 ChatGPT，用户便可以更高效、流畅地写作口播文案，并实现口播文案的高产。

用户运用 ChatGPT 撰写视频口播文案时可以采用以下指令模板进行提问。

假设你是抖音平台的短视频创作者，擅长制作口播视频。请你根据爆款短视频口播文案的特点，围绕 ××× （主题），创作一个短视频口播文案

采用指令模板让 ChatGPT 生成视频口播文案的示例如图 3-4 所示。

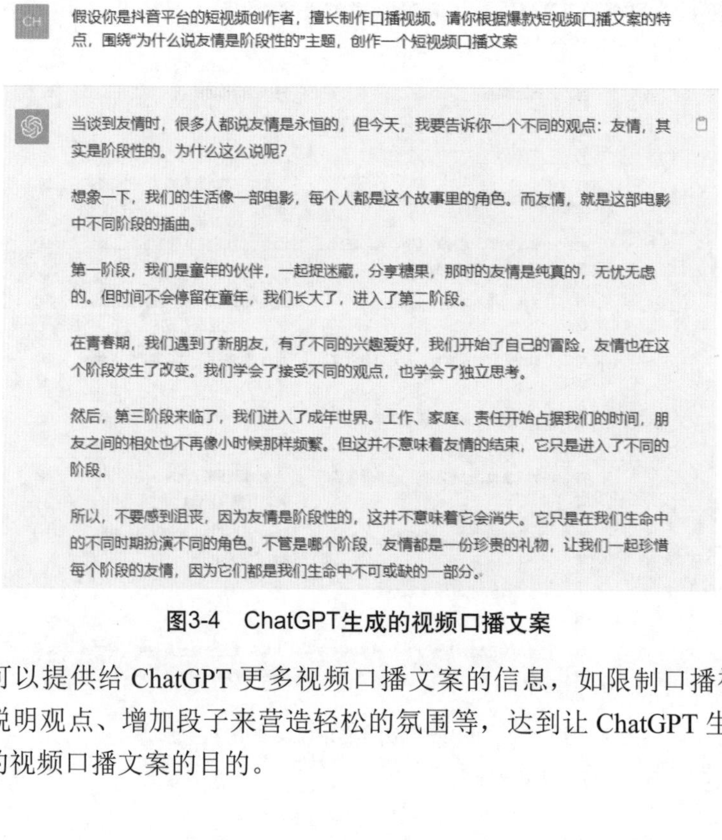
CH 假设你是抖音平台的短视频创作者，擅长制作口播视频。请你根据爆款短视频口播文案的特点，围绕"为什么说友情是阶段性的"主题，创作一个短视频口播文案

当谈到友情时，很多人都说友情是永恒的，但今天，我要告诉你一个不同的观点：友情，其实是阶段性的。为什么这么说呢？

想象一下，我们的生活像一部电影，每个人都是这个故事里的角色。而友情，就是这部电影中不同阶段的插曲。

第一阶段，我们是童年的伙伴，一起捉迷藏，分享糖果，那时的友情是纯真的，无忧无虑的。但时间不会停留在童年，我们长大了，进入了第二阶段。

在青春期，我们遇到了新朋友，有了不同的兴趣爱好，我们开始了自己的冒险，友情也在这个阶段发生了改变。我们学会了接受不同的观点，也学会了独立思考。

然后，第三阶段来临了，我们进入了成年世界。工作、家庭、责任开始占据我们的时间，朋友之间的相处也不再像小时候那样频繁。但这并不意味着友情的结束，它只是进入了不同的阶段。

所以，不要感到沮丧，因为友情是阶段性的，这并不意味着它会消失。它只是在我们生命中的不同时期扮演不同的角色。不管是哪个阶段，友情都是一份珍贵的礼物，让我们一起珍惜每个阶段的友情，因为它们都是我们生命中不可或缺的一部分。

图3-4 ChatGPT生成的视频口播文案

用户还可以提供给 ChatGPT 更多视频口播文案的信息，如限制口播视频的时长、增加案例来说明观点、增加段子来营造轻松的氛围等，达到让 ChatGPT 生成更有吸引力和影响力的视频口播文案的目的。

011 视频剧情文案范例

视频剧情文案是指在短视频中表现故事情节、矛盾冲突、人物台词等的文字内容，它可以指导剧情类短视频的拍摄和剪辑，决定剧情类短视频的发展走向。

视频剧情文案的主题通常围绕亲情、爱情、友情三大主题展开，用讲故事的方式向受众传达一定的价值观。好的视频剧情文案能够开篇即可吸引受众的观看兴趣，结尾时还可以让人回味无穷。在 ChatGPT 的帮助下，用户可以快速地创作出好的视频剧情文案，从而高效地完成视频的制作。

用户运用 ChatGPT 生成视频剧情文案时可以采用以下指令模板进行提问。

假设你是一位拥有百万粉丝的博主，擅长制作剧情演绎类短视频。请你以×××为主题创作一个短视频剧情文案，要求故事引人入胜、逻辑连贯，且能够清晰地表达主题

采用指令模板让 ChatGPT 生成视频剧情文案的示例如图 3-5 所示。

假设你是一位拥有百万粉丝的博主，擅长制作剧情演绎类短视频。请你以七夕为主题创作一个短视频剧情文案，要求故事引人入胜、逻辑连贯，且能够清晰地表达主题

标题：《七夕的神秘邂逅》

开场：镜头慢慢从星空中降落，画面逐渐明亮，一个宁静的夜晚，满天繁星。

场景一：女主角

音乐：温柔的旋律

镜头切换，一位美丽的女主角在窗前，手里拿着一束鲜花，眼神充满期待，似乎在等待着什么。

场景二：男主角

音乐：激情的音乐

镜头再度切换，一个英俊的男主角，穿着一身帅气的西装，手里拿着礼物，目光坚定地走向女主角的窗前。

场景三：窗外的星空

音乐：浪漫的音符

镜头切换至窗外，两人的视线在星空中交汇，仿佛整个世界都静止了。

场景四：相遇

音乐：悸动的旋律

两人的手指触碰到了窗户玻璃，彼此的眼神充满了渴望和爱意，仿佛在窗户玻璃上写下了心中的誓言。

场景五：礼物交换

音乐：感动的音符

男主角递给女主角礼物，女主角递给男主角鲜花，这一刻充满了温馨和浪漫。

场景六：共赏星空

音乐：宁静的旋律

两人一起坐在窗前，一边仰望星空，一边分享彼此的心声和梦想。这一夜，他们彼此靠近，心灵相通。

场景七：七夕祝福

音乐：温馨的音符

镜头切换至文字：愿我们的爱情如同这星空般浩瀚，愿我们的心情如同这星空般明亮，愿我们的未来如同这星空般不可预测。

结尾：音乐逐渐温和，画面逐渐变暗，星空渐渐消失，留下一颗流星划过夜空。

图3-5　ChatGPT生成视频剧情文案示例

012 视频标题文案范例

“题好文一半”说明了好的标题对于文章的重要性，这个理念同样也适用于短视频。在短视频的制作中，标题也是不可忽视的元素，好的标题可以让短视频吸引到更多的观众。在 ChatGPT 的帮助下，用户可以自动化创作和生成短视频标题，从而节省短视频创作者的时间。

用户运用 ChatGPT 生成视频标题文案时可以采用以下指令模板进行提问。

假设你是一名新媒体工作者，拥有多年的从业经验和敏锐的网感。请你结合爆款短视频标题文案的特点和受众的兴趣，提供一些主题为 ××× （视频主题）的短视频标题文案，并添加 tag 标签

采用指令模板让 ChatGPT 生成视频标题文案的示例如图 3-6 所示。

CH 假设你是一名新媒体工作者，拥有多年的从业经验和敏锐的网感。请你结合爆款短视频标题文案的特点和受众的兴趣，提供一些主题为相机开箱的短视频标题文案，并添加tag标签

当制作爆款短视频标题文案时，要考虑受众的兴趣和短视频的特点，包括吸引人、简洁明了和富有创意。以下是一些主题为相机开箱的短视频标题文案和相关tag标签的建议：

1. 文案："探索未知世界！我的新相机开箱体验！📷✨"
   标签：#相机开箱 #摄影新手 #摄影装备
2. 文案："这个相机真香！开箱+试拍，震撼画质！🤩📷"
   标签：#相机评测 #摄影装备 #摄影技巧
3. 文案："小白也能拍大片！看我如何用新相机记录生活！📷💥"
   标签：#相机入门 #摄影日常 #创意拍摄
4. 文案："超级轻便！我的新旅行伴侣相机开箱分享！✈️📷"
   标签：#旅行摄影 #轻便相机 #旅拍灵感
5. 文案："解锁摄影技能！开箱最新相机，开始探索摄影世界！🔓📷"
   标签：#相机探索 #摄影技能 #创意摄影
6. 文案："瞬间定格美好时刻！新相机开箱分享，情感沸腾！❤️📷"
   标签：#情感摄影 #相机分享 #瞬间定格
7. 文案："摄影达人必备！开箱顶级相机，画质惊艳到爆！😮📷"
   标签：#高级相机 #摄影达人 #画质精致
8. 文案："随时随地拍美照！新相机开箱，分享拍摄技巧！📷💡"
   标签：#手机摄影 #拍照技巧 #创意拍照
9. 文案："相机迷的福音！新款相机开箱，性能超越想象！📷🚀"
   标签：#相机迷 #性能升级 #相机技术
10. 文案："打开摄影新世界！新相机开箱，摄影课程来啦！📷📚"
    标签：#摄影教程 #学摄影 #相机开箱课

图3-6 ChatGPT生成视频标题文案示例

用户也可以先提供给 ChatGPT 一些爆款短视频标题文案的实例，然后让 ChatGPT 分析这些标题的特点，再提出实际的需求，让 ChatGPT 结合标题特点来生成短视频标题文案。

第 4 章　电商文案指令与范例

　　电商文案是用来呈现产品卖点的文字内容，在电商领域中，电商文案发挥着重要的作用。写作电商文案，对用户的营销能力、归纳能力和网感都有一定的要求，但在 ChatGPT 的帮助下，用户可以轻松地写作电商文案。

013 指令应用步骤

电商的兴起和发展为商品的销售拓宽了渠道，也为消费者的购买行为提供了便利，是市场中卖家和买家互惠共利的有效途径。电商文案是电商发展的有力支撑，在产品推广与营销中发挥着不可替代的作用，与 AI（Artificial Intelligence，人工智能）合作撰写电商文案，能够实现电商文案的高产，从而节省人力成本和增加收益。

本节以让 ChatGPT 写作电商销售文案为例，详细介绍使用 ChatGPT 生成电商文案的操作步骤。

STEP 01 分析需求和喜好：在 ChatGPT 输入框中输入指令，如"我想写一篇关于空调被的电商销售文案，请帮我分析出目标受众的需求和喜好"，然后按 Enter 键确认，ChatGPT 即会分析出目标受众的需求和喜好，如图 4-1 所示。

要写一篇关于空调被的电商销售文案，首先需要分析目标受众的需求和喜好。以下是一些可能的目标受众以及他们的需求和喜好：

1. 家庭用户：
   - 需求：家庭用户最关心的是舒适的睡眠体验。他们需要一款具有良好保暖性和透气性的空调被，以确保他们在夏季凉爽，冬季温暖。
   - 喜好：时尚的设计和颜色，易于清洗和维护的材料，多种尺寸选择，以适应不同床铺。
2. 学生宿舍居民：
   - 需求：学生宿舍通常没有中央供暖或冷气系统，因此需要一款能够适应不同季节变化的空调被。
   - 喜好：价格亲民，轻便易携带，耐用，容易折叠和存储。
3. 酒店业主：
   - 需求：酒店业主需要提供给客人一种舒适的住宿体验，以确保客户的满意度。
   - 喜好：高品质的材料和制造，易于清洗和维护，可以定制酒店品牌的标志和颜色。
4. 有过敏史的人：
   - 需求：过敏史的人需要一种能够有效防止尘螨和过敏源滋生的空调被。
   - 喜好：防过敏材料，容易清洗的外层，经过过敏测试和认证的产品。
5. 环保意识消费者：
   - 需求：关心环保的消费者需要一款环保的空调被，制造过程中减少对环境的影响。
   - 喜好：使用可再生材料，可循环利用的包装，低碳足迹的产品。
6. 高温地区居民：
   - 需求：生活在高温地区的人们需要一款适用于夏季的轻便、透气的空调被。
   - 喜好：透气性强的材料，清爽的颜色和设计，易于清洗和干燥。

根据不同目标受众的需求和喜好，你可以调整你的销售文案，强调空调被的特点和优势，以满足他们的需求。例如，在文案中突出强调产品的保暖性、透气性、易清洗性、环保性等特点，以及符合不同受众的喜好。此外，也可以提供客户评价和推荐，以增加信任度和购买决策的信心。

图4-1 ChatGPT分析出的目标受众的需求和喜好

STEP 02 总结产品亮点：在输入框中继续输入指令，如"请根据以上目标受众的需求和喜好，帮我总结出空调被的亮点和优势"，然后按 Enter 键确认，ChatGPT 即会总结出对应产品的亮点，如图 4-2 所示。

根据不同目标受众的需求和喜好，以下是空调被的亮点和优势的总结：

1. 家庭用户：
   - 亮点：出色的保暖性和透气性，多款时尚设计可选。
   - 优势：确保一年四季舒适睡眠，同时提供多样化的外观选择，易于与家居风格搭配。
2. 学生宿舍居民：
   - 亮点：轻便易携带，经济实惠。
   - 优势：适应宿舍环境，便于携带回家或储存，价格亲民。
3. 酒店业主：
   - 亮点：高品质材料，可定制设计。
   - 优势：提升客户满意度，定制品牌标志，耐用材料减少更换成本。
4. 有过敏史的人：
   - 亮点：过敏源抗性，易清洗。
   - 优势：有效减少过敏源滋生，易于清洗和保持卫生。
5. 环保意识消费者：
   - 亮点：环保材料，低碳足迹。
   - 优势：符合环保标准，减少对环境的影响，可循环利用的包装。
6. 高温地区居民：
   - 亮点：透气性强，清爽设计。
   - 优势：在炎热季节提供舒适的睡眠体验，外观清新易于清洗。

根据这些亮点和优势，你可以编写销售文案，突出产品在不同受众中的价值和适应性，以吸引潜在购买者的兴趣。例如，你可以强调产品的多功能性，提供适用于不同需求的解决方案，或者强调产品的高品质和环保特点，以满足各类消费者的期望。

图4-2　ChatGPT总结出的对应产品的亮点

STEP 03 撰写销售文案：在输入框中继续输入指令，如"请根据以上产品亮点和优势，帮我写一篇空调被的电商销售文案，要求体现专业性和有吸引力"，然后按 Enter 键确认，ChatGPT 即会按照要求撰写电商销售文案，如图 4-3 所示。

当然，以下是一篇专业且具吸引力的空调被电商销售文案，突出了产品的亮点和优势：

舒适睡眠，让梦更美好

欢迎来到我们的空调被系列，为您的睡眠体验带来全新的高度舒适感。无论您是家庭用户、学生宿舍居民、酒店业主、有过敏史的人、环保意识消费者还是高温地区的居民，我们的空调被都能满足您的需求。

家庭用户的首选

我们的空调被专为家庭用户设计，旨在为您提供一年四季的舒适。其独特的保暖性和透气性确保您在寒冷的冬天保持温暖，而在炎热的夏天保持凉爽。此外，多款时尚设计和颜色可供选择，以确保与您的家居风格完美搭配。

图4-3　ChatGPT按照要求撰写的电商销售文案

学生宿舍的必备良品

对于学生宿舍居民，我们的空调被是您的理想选择。轻便易携带的设计让您能够随时携带它回家，而其经济实惠的价格让您完全不必担心预算问题。

酒店业主的首选合作伙伴

对于酒店业主，提供给客人一个舒适的住宿体验至关重要。我们的空调被采用高品质材料制造，可根据您的需求进行定制设计，以确保满足客户的品质要求。此外，耐用的材料还可以减少更换成本，为您的业务带来更多盈利。

有过敏史的人的最佳选择

有过敏史的人常常需要额外的关怀，而我们的空调被正是为此而生。其过敏源抗性材料能够有效减少过敏源的滋生，而易清洗的外层则有助于保持产品的卫生和清洁。

环保意识的消费者的明智之选

我们深知环保对于今天的消费者来说至关重要。因此，我们的空调被采用环保材料制造，具有低碳足迹，同时还提供可循环利用的包装。这不仅为您的健康和舒适感做出贡献，还有助于保护我们的地球。

高温地区的福音

如果您生活在高温地区，那么我们的空调被是您不可或缺的伴侣。其强大的透气性确保您在炎热的夏季享受到清爽和舒适的睡眠。同时，清新的设计和易于清洗的特点便其成为您的理想选择。

购买我们的空调被，不仅是对舒适的追求，更是对品质生活的选择。我们为您提供了一系列满足各种需求和喜好的产品，以确保您在每一个夜晚都能拥有宁静的睡眠。现在就选购，让每一个晚上都拥有美好的梦境。

图4-3　ChatGPT按照要求撰写的电商销售文案（续）

在上述示例中，分析需求和喜好、总结产品亮点这两个步骤可以借助 ChatGPT 的力量来获取和归纳产品的信息，结合这些信息再让 ChatGPT 撰写电商销售文案，可以获得对受众更有吸引力的文案。

014　主图文案生成范例

在电商领域，主图文案能够凸显产品的亮点和优势，从而激发消费者的购买欲望。撰写主图文案需要分析产品特点、受众需求、市场趋势等多方面的因素，同时还需要一定的网感和文字功底。此时，用户巧用 ChatGPT，便可以借助 AI 的力量快速获得电商主图文案。

用户运用 ChatGPT 撰写主图文案时可以采用以下指令模板进行提问。

请结合 ×××（产品）的受众需求和产品亮点，撰写 ×××（产品）的电商主图文案，要求语言精简、亮点突出

采用指令模板让 ChatGPT 撰写主图文案的示例如图 4-4 所示，可以看出，ChatGPT 能够响应指令给予用户相对应的文案。

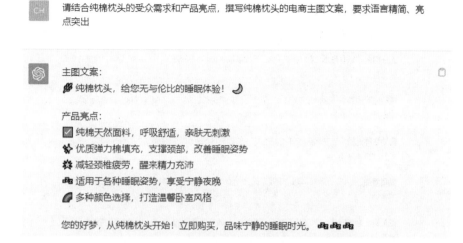

请结合纯棉枕头的受众需求和产品亮点，撰写纯棉枕头的电商主图文案，要求语言精简、亮点突出

主图文案：
纯棉枕头，给您无与伦比的睡眠体验！

产品亮点：
纯棉天然面料，呼吸舒适，亲肤无刺激
优质弹力棉填充，支撑颈部，改善睡眠姿势
减轻颈椎疲劳，醒来精力充沛
适用于各种睡眠姿势，享受宁静夜晚
多种颜色选择，打造温馨卧室风格

您的好梦，从纯棉枕头开始！立即购买，品味宁静的睡眠时光。

图4-4　ChatGPT撰写电商主图文案示例

用户还可以提供给 ChatGPT 更多的产品信息，如抑菌除螨、小众图案设计、价格优惠、7 天免费试用等，补充说明产品的亮点，让 ChatGPT 有更多的依据生成更有吸引力的主图文案。

015　详情页文案范例

详情页文案是电商领域用于描述产品详细特征的文字内容，包括产品的具体功能、设计特点、规格包装、使用说明、注意事项等，能够以文字的形式全面地介绍产品。借助 ChatGPT 的力量，用户可以快速获得特定产品的详情页文案内容，从而节省人力成本。

用户运用 ChatGPT 生成详情页文案时可以采用以下指令模板进行提问。

请根据以下信息，撰写 ×××（产品）的详情页文案，要突出产品的亮点和优势

采用指令模板让 ChatGPT 生成详情页文案的示例如图 4-5 所示。

请根据以下信息，撰写蓝牙耳机的详情页文案，要突出产品的亮点和优势
产品信息：CC蓝牙耳机，无线半入耳式，适用于所有型号的手机，有白色、浅紫色和黑色三种颜色选择
产品特点：28小时长续航，无损降噪音质，轻巧贴耳，低延迟，防丢失定位
目标受众：不限
使用场景：场景不限，可调换音质
技术规格：搭载抗干扰芯片、蓝牙芯片
包装内容：蓝牙耳机、充电仓、说明书、包装盒和充电线
保证与支持：1年质保

图4-5　ChatGPT生成详情页文案示例

产品名称：CC蓝牙耳机

产品亮点，尽在CC蓝牙耳机

无线自由，畅享音乐：CC蓝牙耳机，无须烦琐的线缆，轻松连接各种手机型号，释放你的音乐力量。

续航傲视同类：不必频繁充电！CC蓝牙耳机能提供长达28小时的持久续航，让你畅玩音乐，不受束缚。

音质达标无损：品味音乐的你不能错过！CC蓝牙耳机采用无损降噪技术，带来真实、清晰、逼真的音质体验。

贴耳舒适：轻巧的设计，紧贴耳朵，不仅舒适，还能减少外界噪音的干扰，让你沉浸于音乐的世界。

低延迟，音画同步：CC蓝牙耳机低延迟设计，确保音频和视频同步，让你沉浸式体验游戏和影片。

不再丢失：内置防丢失定位功能，让你的耳机永远不会失踪，让你安心畅享音乐。

多色选择，与你风格搭配：CC蓝牙耳机有白色、浅紫色和黑色三种时尚颜色，总有一款适合你的个性。

多场景通用：不论你身处何地，CC蓝牙耳机都能适应各种使用场景，音质可随你切换。

技术规格，稳定保障：CC蓝牙耳机搭载抗干扰芯片和蓝牙芯片，确保稳定的连接和卓越的音质。

一应俱全，无忧购买：购买CC蓝牙耳机，你将获得蓝牙耳机、充电仓、详细说明书、精美包装盒和充电线，一切尽在掌握。

安心保障，质保一年：我们提供一年的质量保证，无论何时，我们都会为您提供最可靠的支持。

图4-5　ChatGPT生成详情页文案示例（续）

016 / 测评文案范例

产品测评文案可以有效地从侧面宣传产品，一般包含专业、客观的产品信息，能够为消费者在购买产品时提供参考。借助 ChatGPT 的力量，用户可以获得比较全面、中肯的产品测评文案。

用户运用 ChatGPT 生成产品测评文案时可以采用以下指令模板进行提问。

请根据×××产品测评的多个维度，结合以下信息对产品进行测评，并生成一篇客观的产品测评文案

产品信息：×××

采用指令模板让 ChatGPT 生成产品测评文案的示例如图 4-6 所示。

用户应尽可能地多提供一些产品信息给 ChatGPT，包括详细的产品成分、专业检测凭证、用户使用情况等信息，以便让 ChatGPT 生成更加客观的测评文案。

请根据护肤品测评的多个维度，结合以下信息对产品进行测评，并生成一篇客观的产品测评文案

产品信息：

fe是XXX品牌推出的一款美白面膜，主打美白淡斑、提亮肤色。

fe的成分有烟酰胺、微米珍珠粉、珍白因三种，具有锁水持久、液体吸附力强、亲肤柔软三大优势。

这款美白面膜的使用方法是"一涂二敷"，先补水保湿，再将珍珠膏均匀涂抹在脸部，最后敷上面膜等待十分钟至十五分钟洗净。

这款面膜邀请了34名热心用户进行体验，在14天之后，80%的被试者认同色斑痘印变淡了、皮肤更加透亮了以及肤色不均匀问题有改善。

产品测评：fe美白面膜

近年来，美白淡斑成为许多人追求的护肤目标。 XXX品牌的fe美白面膜应运而生，以其主打美白淡斑、提亮肤色的效果而备受瞩目。本文将从多个维度对这款产品进行测评，以帮助您了解其性能和价值。

成分分析：

fe美白面膜的成分堪称亮点，其中包括烟酰胺、微米珍珠粉、珍白因三种核心成分。这些成分各自具有独特的功效，烟酰胺被广泛认可为美白肌肤的有效成分，微米珍珠粉具备温和去角质的作用，而珍白因则有助于均匀肤色。此外，产品声称拥有锁水持久、液体吸附力强、亲肤柔软等三大优势，为用户提供全面的肌肤呵护。

使用方法：

fe美白面膜的使用方法简单明了，采用"一涂二敷"的步骤。首先，用户需要进行补水保湿，确保肌肤充分准备好吸收后续的护理。接下来，将珍珠膏均匀涂抹在脸部，这有助于提亮肤色和淡化斑点。最后，敷上面膜并等待十分钟至十五分钟，待产品被充分吸收后，轻轻洗净即可。这一简单的步骤适用于繁忙的现代生活，为用户提供了方便的美容体验。

用户体验：

为了验证产品的效果，fe美白面膜邀请了34名热心用户进行14天的体验。结果显示，80%的用户认同产品能够使色斑和痘印变淡，皮肤更加透亮，肤色不均匀得到改善。这一客观的数据表明，产品在淡化斑点、提亮肤色、均匀肤色等方面具有显著的效果，为用户带来明显的肌肤改善。

总结：

fe美白面膜以其卓越的成分组合、简单的使用方法以及用户验证的效果，成为美白护肤领域的一款明星产品。它不仅能有效淡化色斑和痘印，还能提亮肤色，改善肤色不均匀问题，为用户带来更加美丽的肌肤。无论您是深受色斑困扰还是追求更加透亮的肤色，fe美白面膜都值得一试，成为您护肤品清单中的不可或缺之选。

图4-6　ChatGPT生成产品测评文案示例

017 / 客服服务范例

在电商领域中，客服发挥着不可替代的作用，能够及时为消费者解答疑惑和处理售后问题。但在实际的工作场景中，由于消费者的个体差异性，客服人员可能会遇到各式各样的问题，难以应对和解决。此时，不妨让 ChatGPT 协助客服服务，ChatGPT 作为文本生成式 AI 模型，能够为客服人员提供更多的问答解决方案。

用户运用 ChatGPT 协助客服服务时可以采用以下指令模板进行提问。

请你充当×××（电商平台）的客服人员，针对我给出的问题进行回复。在回复时，

你需要根据我的问题描述、情绪和诉求，给出安抚和解决方案，且语气要亲切，不需要过多的解释。我的问题是 ×××

采用指令模板让 ChatGPT 协助客服服务的示例如图 4-7 所示。

 请你充当淘宝平台的客服人员，针对我给出的问题进行回复。在回复时，你需要根据我的问题描述、情绪和诉求，给出安抚和解决方案，且语气要亲切，不需要过多的解释。我的问题是"你好，我想问一下为什么我的蓝牙耳机右耳突然连不上了？"

 您好！非常抱歉听到您的蓝牙耳机右耳无法连接的问题。请您尝试以下解决方案：

1. 请确保蓝牙耳机和您的设备之间的距离不要过远，以确保信号稳定。
2. 尝试将蓝牙耳机重新与您的设备配对，然后重新连接。
3. 请确保蓝牙耳机的电池电量足够，如果电量过低，可能会导致连接问题。
4. 有时候设备上的蓝牙驱动程序可能需要更新，您可以尝试更新您设备的蓝牙驱动程序。

 这些方法都试过了，还是连不上怎么办呀？

 非常抱歉您仍然遇到连接问题。如果您已尝试了以上提到的方法仍无法解决问题，建议您采取以下步骤：

1. 检查蓝牙耳机是否需要进行软件更新。有时，制造商可能会发布新的固件更新，以解决连接问题。
2. 将蓝牙耳机连接到其他设备，看看是否仅在特定设备上出现问题。这将有助于确定是蓝牙耳机还是设备的问题。
3. 如果您的蓝牙耳机仍在保修期内，考虑联系制造商或购买渠道的客服或售后部门，咨询维修或更换。
4. 最后，如果以上方法都未能解决问题，您可以考虑参考用户手册或制造商的官方网站，查找更多有关故障排除的信息，或咨询专业的技术支持。

我们理解您的困扰，希望您尽快解决问题，继续愉快地使用蓝牙耳机。如果您需要进一步的协助或有其他问题，请随时告诉我们，我们将尽力提供支持。祝愿一切顺利！

图4-7　ChatGPT协助客服服务示例

可以看出，目前而言 AI 在对话中还是无法准确地感知和表达情绪，容易导致结果出现偏差，因此 ChatGPT 的回复对客服人员来说仅作为参考，可以用来拓展回复思路。

第 5 章　直播文案生成指令与范例

　　直播文案是指在直播中需要用到的文字内容，包括直播脚本文案、直播标题文案、直播封面文案、直播预热文案和直播热评文案等。在 ChatGPT 的帮助下，用户可以轻松撰写直播文案，从而帮助直播顺利进行。

018 / 指令应用步骤

直播文案贯穿于直播活动的全过程,前期帮助宣传直播活动、中期活跃直播气氛和后期维持直播热度。不同类型的直播文案又发挥着各自的作用,如直播脚本文案是指对直播活动中的各个流程进行合理规划的文稿,这类文案能够帮助直播人员有秩序地进行直播活动,从而顺利地完成直播任务。

一般来说,直播活动分为游戏直播、泛娱乐直播和电商直播三种,用户可以结合直播活动的类型来编写关键词,然后运用 ChatGPT 生成直播脚本文案。本节以让 ChatGPT 生成直播脚本文案为例,详细介绍使用 ChatGPT 生成直播文案的操作步骤。

STEP 01 确定认知:确认 ChatGPT 是否了解电商直播。在 ChatGPT 输入框中输入指令,如"电商直播一般有哪些流程?",然后按 Enter 键确认,ChatGPT 即会给出电商直播活动的流程,如图 5-1 所示。

电商直播是一种通过在线视频直播平台进行商品销售和宣传的营销方式,通常包括以下一般流程:

1. 策划与准备阶段
   - 选择直播平台:确定在哪个直播平台进行直播,如淘宝直播、快手、抖音、京东直播等。
   - 商品准备:选择要销售或宣传的商品,并确保有足够的库存。
   - 直播内容策划:制订直播内容、亮点和互动环节的计划。
   - 直播时间安排:确定直播的时间和频率,如每周固定时间或特别活动。
2. 直播前的宣传
   - 社交媒体宣传:通过微博、微信等社交媒体平台预告直播时间和内容。
   - 拉新策略:吸引新观众参与直播,例如邀请好友、开设会员专场等。
3. 直播设置
   - 摄像设备和灯光:确保画质清晰、光线充足。
   - 配置直播工具:设置直播平台,添加商品链接和价格。
   - 测试:在正式直播前测试设备和网络连接。
4. 直播过程
   - 商品介绍:主持人介绍商品特点、优势和用途。
   - 互动:与观众互动,回答问题、评论和点赞。
   - 促销和折扣:提供限时促销和折扣,创造购买冲动。
   - 演示和试用:展示商品使用方法,演示效果。
   - 推荐搭配:建议其他相关商品,增加购物篮价值。
   - 用户评论展示:展示之前用户的好评和购买体验。
5. 订单处理
   - 引导购买:提供商品链接,引导观众下单购买。
   - 收集订单信息:记录观众的订单信息。
   - 付款方式:提供多种付款方式,方便观众支付。
   - 订单确认:确认订单并发送确认信息。
6. 直播后的跟进
   - 跟进订单:处理并跟踪订单,确保及时发货。
   - 回顾和总结:与观众分享直播的成功案例和感谢他们的支持。
   - 用户反馈:收集观众反馈,改进直播内容和服务。
7. 数据分析与优化
   - 分析观众数据:了解观众行为、购买习惯等,优化未来直播策略。
   - 优化直播内容:根据观众反馈和数据,不断改进直播内容和互动方式。

图5-1 ChatGPT给出的电商直播活动的流程

STEP 02　提出需求：在输入框中继续输入指令，如"请根据以上电商直播的流程，策划一场主题为'618 购物节'的电商直播活动，要有具体的流程安排和优惠信息"，按 Enter 键确认，ChatGPT 即会生成相应的直播脚本文案，如图 5-2 所示。

　以下是一场主题为"618购物节"的电商直播活动的流程安排和优惠信息：

活动策划与准备阶段

1. 选择直播平台：选择淘宝直播作为直播平台，因为它在"618购物节"期间非常活跃。
2. 商品准备：准备一系列畅销商品，包括服装、鞋子、美妆产品和家居用品，确保有足够的库存。
3. 直播内容策划：制定直播内容，包括商品介绍、试穿、化妆演示和家居装饰灵感分享。
4. 直播时间安排：安排每天晚上8点到10点的直播，持续一周，涵盖整个"618购物节"。

直播前的宣传

1. 社交媒体宣传：在微博、微信、抖音等社交媒体平台上发布宣传信息，宣布直播时间和特别活动。
2. 拉新策略：邀请观众分享直播信息，并鼓励他们邀请朋友参与，送出折扣券或小礼品作为奖励

直播设置

1. 摄像设备和灯光：确保高清画质和良好的照明。
2. 配置直播工具：在淘宝直播平台上设置商品链接和特价信息。
3. 测试：在直播前进行设备和网络连接测试。

直播过程

1. 商品介绍：主持人介绍当天的特价商品，强调优势和性价比。
2. 互动：与观众互动，回答问题、点赞评论，并邀请观众提出需求。
3. 试穿和演示：展示服装、鞋子和美妆产品的穿着效果，演示如何使用美妆产品。
4. 家居灵感分享：分享家居装饰灵感，展示家居产品的摆放方式和效果图。
5. 促销和折扣：提供限时促销和折扣，如买一送一、满减等优惠活动。
6. 推荐搭配：建议观众购买其他搭配商品，如搭配服装的鞋子、包包等。
7. 用户评论展示：展示之前用户的好评和购买体验，增加信任感。

订单处理

1. 引导购买：提供商品链接，引导观众下单购买。
2. 收集订单信息：记录观众的订单信息，包括地址和联系方式。
3. 付款方式：提供多种付款方式，如支付宝、微信支付等。
4. 订单确认：确认订单并发送确认信息。

直播后的跟进

1. 跟进订单：及时处理订单，准备发货，并提供物流信息。
2. 回顾和总结：在每次直播结束后，回顾当天的亮点和特价商品，并感谢观众的支持。
3. 用户反馈：收集观众反馈，根据反馈改进直播内容和服务。

优惠信息

• 每天前10分钟，首批下单的观众将获得额外10%的折扣。
• 购物每满100元，送出一张购物券，可以在下次购物时使用。
• 每晚直播结束前宣布明天的特价商品，提前吸引观众。
• "618购物节"期间，购物满200元免运费。

图5-2　ChatGPT生成的直播脚本文案

在上述示例中，确定认知这一步骤是确保 ChatGPT 对直播活动有所了解，若 ChatGPT 生成的答案与实际情况不符，则需要及时让其更正；在提出需求的步骤中，用户需要提供明确的直播活动主题，确保 ChatGPT 生成直播脚本文案时有一定的依据。

019 直播标题文案范例

直播标题文案是指发布直播活动的时间、主题等信息的文字内容，能够起到宣传直播活动、吸引受众注意力的作用。在直播活动的标题文案中，一般会直接写明直播开始的时间、直播的主题和受众的利益点，以吸引受众关注直播。用户巧用 ChatGPT，便可以借助 AI 的力量快速获得直播标题文案。

用户运用 ChatGPT 生成直播标题文案时可以采用以下指令模板进行提问。

❶ *确定认知：有吸引力的直播标题文案有哪些特点？这些特点对写作直播标题文案有什么帮助？*

❷ *提出需求：请结合以上特征，为一场 ×××（主题）直播活动提供标题文案，要对目标受众有吸引力*

采用指令模板让 ChatGPT 生成直播标题文案的示例如图 5-3 所示。

CH 有吸引力的直播标题文案有哪些特点？这些特点对写作直播标题文案有什么帮助？

有吸引力的直播标题文案通常具备以下特点，这些特点有助于吸引观众的注意力，提高观看率和互动率：

1. **简明扼要：** 直播标题应该简洁明了，一目了然，避免使用过长或复杂的句子。观众在浏览直播列表时，通常会快速扫视标题，因此简单明了的标题更容易引起他们的兴趣。
2. **突出亮点：** 在标题中强调直播的亮点、特色或亮点内容，让观众知道他们可以从直播中获得什么价值。例如，如果你是一位美食博主，可以在标题中提到你将制作一道令人垂涎的美食。
3. **引发好奇心：** 创造一些悬念或引发观众的好奇心，使他们想要点击观看直播以解开谜团。这可以通过提出问题、留下悬念或使用引人入胜的描述来实现。
4. **使用动词和情感词汇：** 在标题中使用动词和情感词汇可以增加标题的情感色彩，让观众感受到直播的活力和情感。例如，使用诸如"激动人心的""震撼的""感人的"等词汇。
5. **明确时间和日期：** 如果你的直播是有计划的，务必在标题中明确指出直播的时间和日期，以便观众知道何时可以观看。
6. **与受众互动：** 在标题中与受众建立联系，让他们感到直播是为他们而设的。例如，使用第一人称，如"我将向大家展示"或"我们一起来探讨"。
7. **使用关键词：** 确保标题包含与直播内容相关的关键词，以便在搜索引擎和平台的推荐系统中更容易被找到。
8. **不滥用符号和大写字母：** 避免在标题中滥用符号和大写字母，以免显得过于刺眼或不专业。
9. **定期更新：** 如果直播内容是系列或经常性的，及时更新标题以反映最新的内容或主题。

CH 请结合以上特征，为一场怀旧小零食直播活动提供标题文案，要对目标受众有吸引力

当然，请看以下为怀旧小零食直播活动设计的有吸引力的标题文案：

"穿越时光：怀旧小零食品味之旅！今晚8点，与我一起回到童年的味道🕗🍭"

图5-3　ChatGPT生成的直播标题文案

可以看出，ChatGPT 给出的直播标题文案简明扼要、突出亮点，并且使用了动词和情感词汇，能够有效地吸引受众的关注，提高直播活动的观看率和影响力。

020　直播封面文案范例

直播封面文案是指在直播海报或直播主页上显示的文字内容。通常情况下，直播封面文案的特点是文字简短、高度概括和凝练主题、对受众有吸引力，如"购物车的秘密"。用户在运用 ChatGPT 生成直播封面文案时，可以让 ChatGPT 融入修辞手法来生成文案，使文案更具创意和吸引力。

用户运用 ChatGPT 生成直播封面文案时可以采用以下指令模板进行提问。

请根据直播封面文案的写作特点，提供×××（主题）的直播封面文案，要求1.用词更具新颖性、独特性；2.适当加入隐喻、用典等修辞手法

采用指令模板让 ChatGPT 生成直播封面文案的示例如图 5-4 所示。

请根据直播封面文案的写作特点，提供游戏的直播封面文案，要求1. 用词更具新颖性、独特性；2. 适当加入隐喻、用典等修辞手法

当然可以！游戏直播封面文案需要引人入胜，吸引观众的眼球。以下是一个符合您要求的示例：

"决战乾坤，剑指星辰。在虚拟的宇宙中，我是那颗无可替代的星。直播间，就是我的星球，观众，就是我的星辰。今晚，让我们一起航向未知的黑洞，探索未曾谋面的世界。游戏即将开始，启动引擎，投身夜空。"

这个文案使用了一些隐喻的修辞手法，比如将直播间比喻成星球，将观众比喻成星辰，以及将游戏比喻成探索未曾谋面的世界。这些元素赋予了文案独特的吸引力和情感共鸣，同时突出了游戏直播的冒险性质。

图5-4　ChatGPT生成直播封面文案示例

021　直播预热文案范例

直播预热文案是指在直播活动开始之前对直播进行宣传、推广的文字内容。这类文案有两大呈现方式：一是在将要直播的平台上进行内容发布；二是在将要直播的平台之外的平台上进行内容发布，不同的呈现方式决定着直播预热文案的语言风格。

一般来说，抖音平台无论是否作为将要直播的平台，都会成为直播预热文案的主要呈现阵地。因此，直播预热文案的语言风格要多带有抖音平台的文案特点，用户在运用 ChatGPT 生成直播预热文案时可以说明这一点。

用户运用 ChatGPT 生成直播预热文案时可以采用以下指令模板进行提问。

请根据抖音文案的特性，来撰写×××（主题）的直播活动宣传文案，让更多的人前往直播间观看

采用指令模板让 ChatGPT 生成直播预热文案的示例如图 5-5 所示。

请根据抖音文案的特性，来撰写以摄影书分享为主题的直播活动宣传文案，让更多的人前往直播间观看

当然可以！以下是一个以摄影书分享为主题的抖音直播活动宣传文案：

📷【直播预告】明天晚上八点，让我们一起走进摄影的魔法世界！🎇

摄影书架上的每一本书都蕴藏着无尽的视觉艺术之美，而明天，我们将打开这本视觉盛宴的魔法大门！📖🎇

🔥 主题：探索摄影书的精华
📅 日期：明天（日期）
🕐 时间：晚上8点
📍 地点：抖音直播间（您的直播间号码）

在这次直播中，我们将：

🎇 分享最受欢迎的摄影书籍，让你轻松找到摄影灵感的源泉。
📷 探索经典摄影技巧，提升你的拍照水平。
⚫ 一同漫游世界，通过书中的镜头感受不同文化和风景。

不仅如此，我们还将举行抽奖活动，送出精美的摄影书和摄影装备！🎁📷

无论你是摄影初学者还是老手，这次直播都将为你带来新的摄影灵感和知识。无需预约，只需准时来到我们的直播间，和摄影爱好者一起畅聊，一起学习，一起感受摄影的魅力！

点击关注并设置提醒，别错过这场摄影盛宴！🔔📷

#摄影书分享 #摄影技巧 #抖音直播 #摄影爱好者

图5-5　ChatGPT生成直播预热文案示例

022 直播热评文案范例

直播热评文案是指在直播平台或社交媒体上，主播针对直播活动发表的有趣、引人注目或具有创造性的评论。这些评论旨在吸引受众的注意力、增加互动和讨论，并提供娱乐价值。直播热评文案对于直播活动后期维持热度也很有帮助，而在 ChatGPT 的帮助下，用户可以轻松撰写直播热评文案。

用户运用 ChatGPT 生成直播热评文案时可以采用以下指令模板进行提问。

请根据热评文案的特点，提供一些×××（主题）的直播活动热评文案，激发受众的讨论热情，以维持直播活动的热度

采用指令模板让 ChatGPT 生成直播热评文案的示例如图 5-6 所示。

请根据热评文案的特点，提供一些以开盲盒为主题的直播活动热评文案，激发受众的讨论热情，以维持直播活动的热度

当你需要撰写以开盲盒为主题的直播活动热评文案时，可以考虑以下特点，以激发受众的讨论热情，维持直播活动的热度：

1. **神秘感和期待感**
   - "猜猜今天会有哪些惊喜呢？开盲盒，揭开神秘的面纱！"
   - "每一次的开盲盒都是一个未知的冒险，你猜我们能在今天的盲盒里找到什么宝藏吗？"
2. **分享惊喜**
   - "一起来分享开盲盒的惊喜瞬间吧！你最期待的是哪一款？"
   - "这个盲盒里有一份惊喜，和你一起分享真是太棒了！"
3. **互动和评论**
   - "在评论中告诉我们，你最喜欢的盲盒款式是哪一个，我们会选一个幸运观众送出去！"
   - "看到大家的评论真是太有趣了！继续留言，让我们知道你的想法。"
4. **悬念和引导**
   - "还有几个盲盒等着揭开，大家猜猜下一个会是什么？"
   - "别走开，接下来的盲盒更加精彩！"
5. **限时特价和购买鼓励**
   - "只在直播中，我们提供特别的优惠价格，赶紧下单吧！"
   - "现在购买，不仅能享受特价，还能有机会获得额外的赠品哦！"
6. **用户体验分享**
   - "有人已经购买了我们的盲盒，他们的开箱体验是什么样的？"
   - "观众分享了他们的开箱瞬间，真是太感动了！"
7. **答疑和解惑**
   - "有关盲盒的任何问题，都可以在评论中提出，我们会尽力解答！"
   - "不懂盲盒的玩法？别担心，我们会为你解释一切！"
8. **用户参与奖励**
   - "点赞并分享这个直播，你将有机会赢得我们的神秘礼品！"
   - "感谢你们的支持，我们会在评论中选取幸运观众送出礼品。"

图5-6　ChatGPT生成直播热评文案示例

可以看出，ChatGPT 提供的这些直播热评文案旨在利用神秘感、互动性和奖励机制来激发受众的兴趣和讨论热情，以最大限度地维持直播活动的热度。

用户在让 ChatGPT 生成直播热评文案时，还可以稍微修改指令，让 ChatGPT 生成直播活动后期的热评文案，示例如图 5-7 所示。

请根据热评文案的特点，提供一些以开盲盒为主题的直播活动热评文案，对直播活动进行回顾和总结

当提到开盲盒直播活动时，热评文案需要具有吸引力、幽默感和互动性，以吸引观众的注意并促使他们参与互动。以下是一些以开盲盒为主题的直播活动热评文案示例：

1. "盒子打开的瞬间，我心也跟着开了花！🌸 这次的开盲盒直播真是让人欲罢不能，充满了惊喜和期待。你们最喜欢今天的哪个惊喜呢？"
2. "天呐，今天的盲盒运气简直炸裂！💥 感觉自己像个宝藏猎人，一寻找就找到了！这个系列的藏宝盒真的不容错过。"
3. "一边吃零食，一边猜这个盲盒里是什么，这简直就是人生的完美夜晚！🍿🎁 大家都在猜测下一个盲盒会是什么，我看下一个一定是绝版稀有物品！"
4. "这个盲盒的神秘感简直让人无法抗拒！🎭 每个盲盒背后都有一个令人兴奋的故事，今天的开箱经历是如此令人难以忘怀。"
5. "来来来，一起猜猜这个盲盒的幸运号码是什么？🎯 看看谁能猜中，赢得今晚的超级大奖！"
6. "我们的盲盒家族越来越庞大了！👨‍👩‍👧 感谢每一个和我一起度过这个开盲盒之夜的人，你们就是我最珍贵的宝藏。"
7. "不开盲盒的日子简直是无聊的日子！👻 这个直播活动让我们每次都期待不已，因为总有新的宝藏等着我们去探索。"
8. "如果你们喜欢今天的盲盒盛宴，别忘了点赞和分享给更多人！一起分享这份惊喜和快乐吧！👍🎇"
9. "开盲盒不仅仅是一种娱乐，更是一种情感的表达方式。每个盒子背后都有着无数的故事，谁知道下一个盲盒会带来什么样的情感共鸣呢？❤️"
10. "感谢大家的参与，今天的开盲盒直播活动圆满结束！下次再见，下次的惊喜一定更多！🍬"

图5-7　ChatGPT生成直播活动后期的热评文案示例

第 6 章　影视创作指令与范例

　　ChatGPT 凭借它的文本生成功能，可以用于影视行业，帮助创作电视剧剧本、电影剧本、动漫脚本和纪录片脚本等，带给观众 AI 视角下独特的创作体验。本章将为大家介绍 ChatGPT 用于影视创作的指令与范例。

023 指令应用步骤

扫码看视频

播出电视剧是影视行业中获得收益的主要形式之一，而收益的多少受电视剧剧本好坏的影响。好的电视剧剧本能够带来高播放量和传播度，从而为影视企业创造高收益。

好的电视剧剧本往往能够在题材选择、故事构思、人物塑造等方面带给观众惊喜，但写作好的电视剧剧本需要编剧有一定的文学才识和生活经验积累，并不是一蹴而就的事情。在 ChatGPT 的帮助下，编剧能够获得写作电视剧剧本的灵感和写作技巧的参考，从而撰写出高质量的电视剧剧本。

本节将以让 ChatGPT 撰写电视剧剧本为例，介绍使用 ChatGPT 协助影视创作的操作步骤。

STEP 01 赋予身份，确定选题：在 ChatGPT 输入框中输入指令，如"假设你是一位经验丰富的编剧，请你提供一些符合现代人审美的电视剧剧本的选题建议？"，然后按 Enter 键确认，ChatGPT 即会给出电视剧剧本的选题建议，如图 6-1 所示。

当编写符合现代人审美的电视剧剧本时，需要考虑观众的多样性和兴趣。以下是一些可能的剧本选题建议：

1. 科幻剧：探索未来科技、外太空、人工智能或时空旅行等科幻元素，带观众进入一个充满奇迹和未知的世界。
2. 超自然剧：以超自然现象、妖怪、鬼魂或超能力为主题，创造一个神秘、充满惊奇和探索的故事世界。
3. 青春成长剧：聚焦年轻人的成长、友情、爱情和家庭关系，呈现他们在面临各种挑战时的故事。
4. 罪案悬疑剧：打造一个扣人心弦的犯罪解谜剧，随着剧情的发展，观众跟随主要角色一起寻找真相。
5. 历史剧：以历史事件、人物或时代为背景，带观众穿越时空，深入了解历史背后的故事。
6. 社会问题剧：探讨当今社会重要议题，如性别平等、种族关系、社会不平等等，引发观众深思和讨论。
7. 家庭剧：以一个家庭为中心，展现家庭成员之间的情感、矛盾和成长，观众可以与角色产生共鸣。
8. 喜剧剧集：制作轻松幽默的喜剧，以让观众放松心情。
9. 爱情剧：探讨各种类型的爱情故事，从初恋到复杂的爱情关系，吸引观众的情感共鸣。
10. 环保与可持续发展剧：强调环保、可持续发展和生态问题，呼吁观众思考和采取行动。
11. 奇幻冒险剧：结合奇幻元素和冒险情节，创造一个充满魔法、神秘和刺激的世界。
12. 艺术与文化剧：深入探讨艺术、文化、音乐或文学，为观众呈现独特的创造力和美学体验。
13. 创业与成功剧：以企业家或创业者为主角，展示他们在商业世界中的挑战和成功故事。
14. 医疗剧：围绕医疗行业的故事，探讨医学伦理、医疗突破和医生患者关系等话题。
15. 音乐剧：以音乐和音乐家为核心，创造一个充满音乐表演和情感表达的故事。

图6-1 ChatGPT给出的电视剧剧本的选题建议

STEP 02 根据选题，撰写大纲：在输入框中继续输入指令，如"请撰写一个悬疑剧的剧本大纲，分为 10 章内容，包括内容简介和人物介绍"，然后按 Enter 键确认，ChatGPT 即会生成悬疑剧的剧本大纲，部分内容展示如图 6-2 所示。

剧本大纲：《失踪之谜》

内容简介：

《失踪之谜》是一部悬疑剧，故事发生在一个小镇上，讲述了一名年轻女子的神秘失踪事件引发的连锁反应。当警察、家庭成员和朋友开始深入调查时，他们揭开了一个充满谎言、秘密和意外的复杂谜团。

人物介绍：

1. 艾米莉（Emily）- 26岁，失踪的年轻女子，聪明、独立，最近刚刚回到小镇。她的失踪引发了整个故事的发展。
2. 大卫（David）- 30岁，艾米莉的哥哥，小镇的医生。对艾米莉的失踪感到极度焦虑，决定亲自参与寻找。
3. 莎拉（Sarah）- 28岁，艾米莉的亲密朋友，小镇的记者。她是故事的主要调查者，试图找出艾米莉的下落。
4. 理查德（Richard）- 50岁，小镇的警察局长，经验丰富的警官，不信任莎拉的调查方法。
5. 莉莉（Lily）- 25岁，艾米莉的室友，性格复杂，似乎对艾米莉的失踪有所隐瞒。
6. 汤姆（Tom）- 32岁，大卫的朋友，小镇的检察官。他对调查提供法律援助，但也保持怀疑态度。
7. 安娜（Anna）- 50岁，莎拉的母亲，曾是一名知名记者。她的经验和资源有助于莎拉的调查。
8. 凯特（Kate）- 28岁，失踪案的证人，声称在失踪当晚看到了艾米莉，但她的证词似乎有矛盾之处。
9. 本（Ben）- 30岁，大卫的朋友，是小镇上的私人侦探。他受雇来协助调查，但也有自己的动机。
10. 克里斯（Chris）- 27岁，莎拉的男友，是一名计算机工程师，提供技术支持帮助解开谜团。

剧本大纲：

第一章 - 失踪的夜晚

故事开始，艾米莉在一晚失踪。她的哥哥大卫、室友莉莉和朋友莎拉开始寻找线索，但一切都看似徒劳无功。

第二章 - 众说纷纭

莎拉开始采访失踪案的证人，其中包括凯特。不同证人提供的信息相互矛盾，引发了更多疑虑。

第三章 - 深入调查

大卫、莎拉和本开始深入调查艾米莉的生活。他们发现一些不寻常的细节，包括一份神秘的日记和一段不寻常的电话录音。

第四章 - 秘密浮出水面

莎拉的母亲安娜揭示了一个早期案件，与艾米莉的失踪可能有关。同时，大卫和莎拉的关系变得紧张。

第五章 - 无处可逃

失踪案开始引起小镇的关注，媒体涌入，情况变得更加复杂。莎拉必须应对压力，同时继续调查。

图6-2　ChatGPT生成的悬疑剧的剧本大纲（部分内容）

STEP 03 根据大纲，撰写剧本：在输入框中继续输入指令，如"请根据以上内容简介和剧本大纲，写出第一章的内容"，然后按 Enter 键确认，ChatGPT 即会生成悬疑剧的第一章内容，如图 6-3 所示。用户运用这个方法，可以让 ChatGPT 撰写其他章节的内容。

第一章 - 失踪的夜晚

场景1：小镇街道-晚上

黑夜笼罩着宁静的小镇，只有街灯的微弱光芒。艾米莉（Emily），一个年轻美丽的女子，穿着一件厚厚的外套，漫步在街道上。她的眼神充满了疑虑和不安。

场景2：大卫的家-客厅-晚上

大卫（David），艾米莉的哥哥，坐在客厅里焦虑地等待着。他的手机响了，莎拉（Sarah）的名字出现在来电显示上。他急忙接听电话。

场景3：莎拉的办公室-晚上

莎拉，小镇的记者，正翻阅报纸，寻找新的故事。她突然接到大卫的电话，听到他的声音异常紧张。大卫告诉她艾米莉失踪了，请求她的帮助。

场景4：小镇街道-夜晚

大卫和莎拉匆匆赶到艾米莉的公寓。他们进入她的房间，开始搜索线索。莎拉找到了一篇未完成的日记，上面写着神秘的文字。

场景5：莉莉的公寓-夜晚

莉莉（Lily），艾米莉的室友，回到家中。她看到大卫和莎拉在调查，神情紧张。她提供一些关于艾米莉的信息，但仍然有些隐瞒。

场景6：警察局-夜晚

莎拉和大卫前往警察局，向理查德（Richard）报案。理查德是小镇的警察局长，表现出对莎拉的调查方法的怀疑，并提醒他们警察会负责此案。

场景7：莎拉的办公室-夜晚

莎拉在她的办公室里开始整理线索，包括艾米莉的日记和莉莉的陈述。她感到这个案件变得越来越复杂，开始怀疑是否有人在隐瞒真相。

场景8：大卫的家-半夜

大卫坐在厨房里，疲惫不堪。他拿出了一张家庭照片，回忆起他和艾米莉的童年时光。他下定决心亲自寻找妹妹。

场景9：小镇街道-黎明

天亮时，小镇仍然笼罩在神秘的氛围中。艾米莉的失踪事件成为小镇的话题，媒体开始报道。莎拉继续她的调查，而大卫决定在他们的努力中扮演更积极的角色。

第一章结束，观众对艾米莉的失踪事件产生浓厚的兴趣，同时感到担忧和好奇。悬念逐渐建立，为接下来的剧情铺垫。

图6-3 ChatGPT生成的悬疑剧的第一章内容

在上述示例中，赋予身份可以让 ChatGPT 在专业的编剧知识储备中完成剧本选题、写作剧本大纲和剧本内容的任务；先撰写剧本的大纲，能够查看 ChatGPT 生成的剧本故事是否符合叙事逻辑；最后再让 ChatGPT 撰写剧本内容，使 ChatGPT 能够在剧本大纲的指导下完成写作。

需要注意的是，ChatGPT 生成的电视剧剧本可能存在不完整性，用户应根据自己的实际需求进行调整。

024 电影剧本范例

电影是影视行业中的又一个艺术形式，与电视剧的作用相同，电影也是影视行业中提供娱乐、表达观点、传播思想的有效载体。借助 ChatGPT 的力量，编剧可以轻松创作电影剧本。

用户运用 ChatGPT 创作电影剧本时可以采用以下指令模板进行提问。

❶ 撰写大纲：假设你是一位经验丰富的编剧，请撰写一个 ×××（电影题材）电影的剧本大纲，分为 ×（数字）章内容

❷ 撰写内容：请根据电影大纲，写出第 ×（数字）章的内容

采用指令模板让 ChatGPT 创作电影剧本的示例如图 6-4、图 6-5 所示。

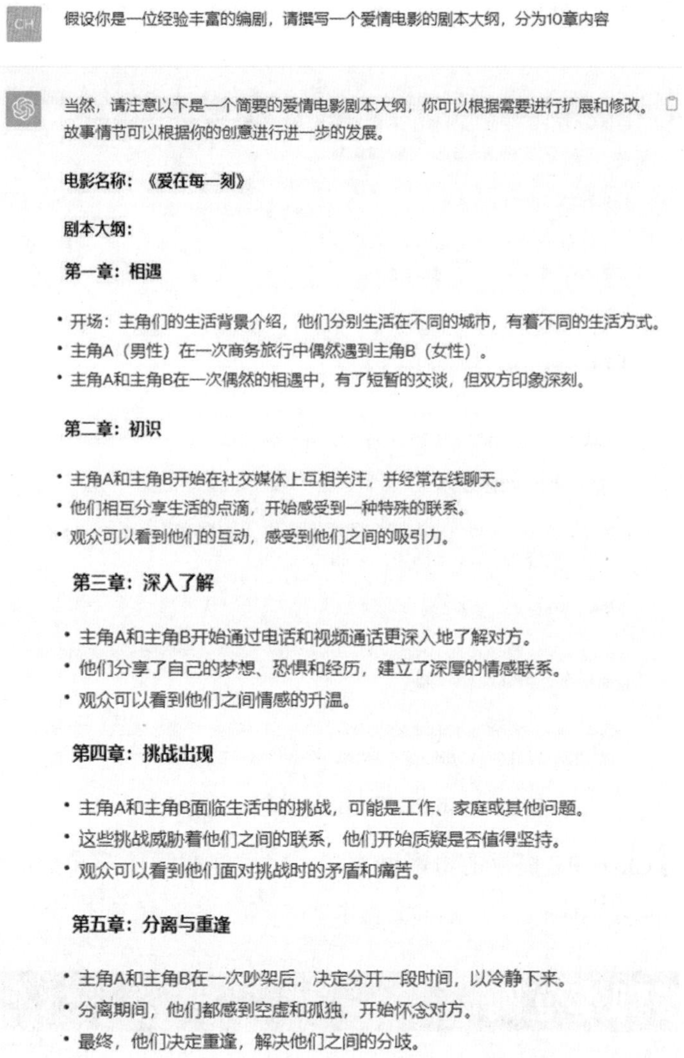

> 假设你是一位经验丰富的编剧，请撰写一个爱情电影的剧本大纲，分为10章内容

> 当然，请注意以下是一个简要的爱情电影剧本大纲，你可以根据需要进行扩展和修改。故事情节可以根据你的创意进行进一步的发展。
>
> **电影名称：《爱在每一刻》**
>
> **剧本大纲：**
>
> **第一章：相遇**
>
> · 开场：主角们的生活背景介绍，他们分别生活在不同的城市，有着不同的生活方式。
> · 主角A（男性）在一次商务旅行中偶然遇到主角B（女性）。
> · 主角A和主角B在一次偶然的相遇中，有了短暂的交谈，但双方印象深刻。
>
> **第二章：初识**
>
> · 主角A和主角B开始在社交媒体上互相关注，并经常在线聊天。
> · 他们相互分享生活的点滴，开始感受到一种特殊的联系。
> · 观众可以看到他们的互动，感受到他们之间的吸引力。
>
> **第三章：深入了解**
>
> · 主角A和主角B开始通过电话和视频通话更深入地了解对方。
> · 他们分享了自己的梦想、恐惧和经历，建立了深厚的情感联系。
> · 观众可以看到他们之间情感的升温。
>
> **第四章：挑战出现**
>
> · 主角A和主角B面临生活中的挑战，可能是工作、家庭或其他问题。
> · 这些挑战威胁着他们之间的联系，他们开始质疑是否值得坚持。
> · 观众可以看到他们面对挑战时的矛盾和痛苦。
>
> **第五章：分离与重逢**
>
> · 主角A和主角B在一次吵架后，决定分开一段时间，以冷静下来。
> · 分离期间，他们都感到空虚和孤独，开始怀念对方。
> · 最终，他们决定重逢，解决他们之间的分歧。

图6-4　ChatGPT创作电影剧本大纲示例（部分内容）

第六章：重建联系

- 主角A和主角B决定一同旅行，远离城市喧嚣，重新建立联系。
- 在旅行中，他们共同经历了美好的时刻，重新点燃了他们之间的爱情。

第七章：决定未来

- 主角A和主角B回到城市后，他们必须面对现实生活的挑战。
- 他们需要决定是否要迁就对方，改变生活方式，或者继续保持现状。
- 这个决定将影响他们的未来，包括是否继续走在一起。

图6-4　ChatGPT创作电影剧本大纲示例（部分内容）（续）

CH　请根据电影大纲，写出第一章的内容

第一章：相遇

场景1：城市接头-早晨

开场，我们看到一个繁忙的城市街头，人们匆匆忙忙走着，车辆穿梭。摄像机焦点逐渐聚集在主角A身上，一位风度翩翩的年轻男性，他戴着一顶帽子，挎着一个皮包，看起来很专业。主角A穿过人行道，走进一家繁忙的咖啡店。

场景2：城市咖啡店-早晨

主角A在咖啡店的柜台前等待着他的咖啡。此时，主角B，一位迷人的年轻女性，戴着耳机，手里拿着一杯咖啡，不小心撞到了主角A。

主角A（微笑着）：没关系，没事的。

主角B（抱歉地笑）：对不起，我没看清楚。

主角A和主角B之间有一瞬间的目光交汇，仿佛世界在这一刻变得安静。主角B继续前行，主角A接过他的咖啡，看着她的背影，心中升起一种奇妙的感觉。

场景3：城市咖啡店-后续

主角A在咖啡店找了个座位，开始悠闲地享受他的咖啡。他拿出手机，开始翻阅社交媒体。突然，他看到了主角B的社交媒体页面，心中涌起一股好奇。

主角A（自言自语）：她是谁呢？

主角A开始关注了主角B的社交媒体账号，并浏览了她的照片和帖子。他的兴趣逐渐被吸引，这位陌生女性变得越来越令他着迷。

剧情第一章以主角A和主角B的偶然相遇展开，两人之间的吸引力开始悄然滋生。观众对主人公们的生活和个性有了初步的了解，为电影的进一步发展埋下了伏笔。

图6-5　ChatGPT创作电影剧本内容示例

用户在获得 ChatGPT 提供的电影剧本后，应根据实际情况和拍摄需求进行调整，以确保电影剧本的实用性。

025 动漫脚本范例

和电视剧、电影一样，动漫也是影视行业中重要的艺术形式，不同的是，动漫主要是以漫画或插画的形式来讲述故事、表达观点。动漫由一定的脚本统领，串联单个的漫画成册，从而组成完整的动漫电影。用户巧用 ChatGPT，可以获得创作动漫脚本的灵感和参考。

用户运用 ChatGPT 创作动漫脚本时可以采用以下指令模板进行提问。

请你充当动漫制作人，创作一个以 ××× 为主题的动漫电影脚本

采用指令模板让 ChatGPT 创作动漫脚本的示例如图 6-6 所示。

请你充当动漫制作人，创作一个以改编《西游记》为主题的动漫电影脚本

当然，我可以帮你创作一个以改编《西游记》为主题的动漫电影脚本。以下是一个简要的概述：

片名：《西游记：寻找仙缘》

故事概述：
这部动漫电影以经典的《西游记》为基础，融入了现代元素，讲述了孙悟空、猪八戒、沙悟净和唐僧师徒四人的新冒险。他们的任务是寻找仙缘，解锁每个人的潜能，以应对新的威胁。

第一幕：仙缘的迷失
故事开始于如今的现代都市，孙悟空是一名街头艺人，被一个神秘女孩所吸引。她告诉悟空，他们都是来自一个神秘世界的仙缘持有者，需要寻找仙缘来拯救两个世界。唐僧、猪八戒和沙悟净也在都市的不同地方得知同样的消息。

第二幕：寻找仙缘之旅
四人决定合力出发，他们踏上一段跨越现代和神秘世界的冒险之旅，遭遇各种挑战和怪物。在旅途中，他们逐渐解锁了自己的潜能，唐僧变得更加智慧，猪八戒更加勇敢，沙悟净更加沉稳，孙悟空更加强大。

第三幕：新的威胁
当他们终于找到仙缘的时候，一个强大的邪恶势力威胁到两个世界的安宁。他们必须合力对抗这个势力，保卫两个世界的和平。在战斗中，他们学到了合作的重要性，悟出了更深层次的道理。

第四幕：回归与告别
最终，他们成功打败了邪恶势力，两个世界恢复了和平。但为了保持两个世界的平衡，他们不得不告别，返回各自的世界。在告别时，他们都明白了友情、勇气和责任的真正含义。

结尾：重逢的希望
电影结束于现代都市，四位师徒再次相遇，看到了新的危机迫在眉睫。他们决定再次出发，继续保卫两个世界。

这个动漫电影脚本将保留《西游记》的经典元素，同时融入了现代化的情节和主题，强调了友情、合作和成长。希望这个创意能够激发你的灵感！

图6-6　ChatGPT创作动漫脚本示例

后续用户还可以让 ChatGPT 尝试将每一幕的具体场景、情节构思写出来，以获得更多的动漫脚本参考。

026　纪录片脚本范例

相较于以上介绍的娱乐形式，纪录片更多的是纪实，记录真实发生的事件或特别

的人物。在制作纪录片时，脚本可以起到指导拍摄和剪辑的作用。用户运用 ChatGPT，可以快速获得特定主题的纪录片脚本，从而提高制作纪录片的效率。

用户运用 ChatGPT 创作纪录片脚本时可以采用以下指令模板进行提问。

请你充当纪录片导演，根据纪录片的特点，撰写一个 ×××（主题）的纪录片脚本，纪录片时长为 × 分钟

采用指令模板让 ChatGPT 创作纪录片脚本的示例如图 6-7 所示，可以看出，ChatGPT 给出了一个节奏紧凑、画面连贯的纪录片脚本。

 请你充当纪录片导演，根据纪录片的特点，撰写一个"京剧之台上一分钟，台下十年功"主题的纪录片脚本，纪录片时长为九十分钟

 《京剧之台上一分钟，台下十年功》纪录片脚本

[片头画面]
画面渐显，北京紫禁城的壮丽宫殿，背景音乐悠扬。字幕出现：《京剧之台上一分钟，台下十年功》。

[开场旁白]
（旁白声音沉稳）
中国京剧，一门综合艺术，以其博大精深的传统、精湛的技艺和多彩的表演形式而著称于世。这是一门台上一分钟的精湛表演，背后需要十年艰苦修炼的艺术。

[场景一：传承的延续]
画面切换至京剧学校内部，一位老师正在教授一群学生如何正确化妆。镜头对焦到学生们充满了专注和敬畏的眼神中。

[老师]
（表情严肃）
学会化妆是学习京剧的第一步，每个细节都至关重要。

[学生一]
（低声）
师傅，这个眉毛该怎么化？

[老师]
（耐心）
来，我来演示一遍。

[场景二：台前幕后]
剪辑过渡至剧场后台，演员们正在穿戴华丽的戏服。镜头追随一位演员走上台，她微微闭上眼睛，开始化妆。化妆室的墙上挂着演员们年轻时的照片，对比鲜明。

[演员一]
（自言自语）
这些年的汗水和辛苦，都是为了这一刻。

图6-7 ChatGPT创作纪录片脚本示例

[场景三：台上一分钟]
画面切换至舞台，演员们身着绚丽戏服，舞台灯光璀璨，气氛庄严肃穆。一位男演员开始演绎一段高潮戏，动作优美，表情生动。观众们沉浸其中，掌声如雷。

[观众一]
（激动）
真是太精彩了！

[观众二]
（赞叹）
看得我都入戏了！

[场景四：台下十年功]
剪辑过渡至演员们台下，他们在排练室内辛勤练习。画面快速切换，展示了他们多年来的努力、坚持和训练，包括武术、唱腔和表演。

[演员二]
（汗流浃背）
每一场演出都是对自己的挑战。
[演员三]
（自豪）
我们是京剧的传承者，责任重大。

[场景五：精湛技艺]
画面回到舞台，演员们的表演令人叹为观止，舞台上的戏曲剧情深刻感人。观众不禁流下感动的眼泪。

[观众三]
（感慨）
这是中华文化的瑰宝！

[场景六：传承与未来]
画面切换至一位老师和年轻学生坐在教室内，老师正在传授经验。镜头对准年轻学生的眼神，充满憧憬和信心。

[老师]
（激励）
继续努力，你们是未来的明星！

[结尾旁白]
（旁白声音）
这是一门传统的艺术，传承与创新同行。从台上一分钟，看不到的是台下十年的辛勤付出。京剧，不仅仅是舞台上的表演，更是一门承载着中华传统文化的珍贵财富。

图6-7　ChatGPT创作纪录片脚本示例（续）

第 7 章　AI 绘画指令与范例

　　在同为运用生成式 AI 模型的 AI 绘画领域中，ChatGPT 的运用可以帮助用户快速生成 AI 绘画提示词，为用户提供 AI 绘画参考和指导。当用户不知道如何运用 AI 绘画工具生成理想的画作时，可以赋予 ChatGPT 一定的身份，让 ChatGPT 提供绘画提示词，从而使 AI 绘画工具响应并生成画作。

027 指令应用步骤

漫画是绘画中一种独特的艺术形式，它只需用简单的线条、随意的笔触便可以勾勒出事物的形态，发挥陈述故事、歌颂见闻、抒发情感、供人娱乐等作用。随着人工智能的发展，漫画同样能够用 AI 技术智能化生成，包括漫画的故事情节、人物、场景等，都可以由 AI 来创作。

本节将以让 ChatGPT 生成漫画绘制指令为例，介绍使用 ChatGPT 协助 AI 绘画的操作步骤。

STEP 01 赋予身份，获得建议：在 ChatGPT 输入框中输入指令，如"你现在是一位 AI 绘画师，请提供一些生成漫画的指令建议"，然后按 Enter 键确认，ChatGPT 即会给出使用 AI 绘制漫画的建议，如图 7-1 所示。

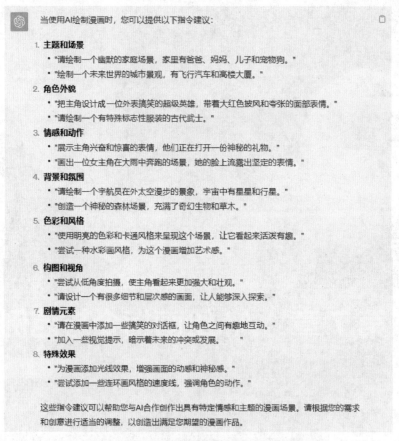

图7-1　ChatGPT给出使用AI绘制漫画的建议

STEP 02 提出需求，获得指令：在输入框中继续输入指令，如"请根据以上建议，提供一个以奇幻王国为主题的漫画的 AI 绘画指令示例，字数在 50 字以内"，然后按 Enter 键确认，ChatGPT 即会生成 AI 绘制漫画的指令，如图 7-2 所示。

"请绘制一个奇幻王国的场景，城堡在远处耸立，一位勇敢的少年骑士与一只会说话的小龙在森林中冒险。使用明亮的色彩和卡通风格，让场景充满神秘和欢乐。"

图7-2　ChatGPT生成的AI绘制漫画的指令

STEP 03　提出要求，翻译指令：在输入框中继续输入指令，如"请将以上绘画指令翻译为英文"，然后按 Enter 键确认，ChatGPT 即会生成英文的 AI 绘画指令，如图 7-3 所示。

"Please create a scene of a fantasy kingdom where a castle stands tall in the distance, with a brave young knight adventuring in the forest alongside a talking baby dragon. Use bright colors and a cartoon style to fill the scene with mystery and joy."

图7-3　ChatGPT生成的英文的AI绘画指令

在上述示例中，赋予 ChatGPT 一定的身份，即可让 ChatGPT 建立对 AI 绘画的认知，从而更好地为用户提供建议；在向 ChatGPT 提出生成 AI 绘画指令需求时，用户应提供具体的绘画主题，让 ChatGPT 有一定的参考；在提出要求时，按照 AI 绘画指令简明性的原则，用户应对字数进行一定的限制，一般在 50 字以内为最佳；将中文翻译英文指令后，该指令可以作为一些英文版本的 AI 绘画工具，如 Midjourney 的绘画指令备用。

028　油画绘制指令范例

油画是用调和颜料来绘制的画种，具有色彩丰富、立体质感强的特点。AI 绘画在兴起之际，便可以根据不同的指令，绘制出不同的油画。

用户运用 ChatGPT 生成油画绘画指令时可以采用以下指令模板进行提问。

你现在是一位 AI 绘画师，请提供一些生成以 ××× 为主题的油画的 AI 绘画指令示例，字数在 50 字以内

采用指令模板让 ChatGPT 生成油画绘画指令的示例如图 7-4 所示。

用户在让 ChatGPT 生成 AI 油画绘制指令时，应提供一定的主题，如油画类型、油画主题等，让 ChatGPT 能够依据主题来生成绘画指令。

你现在是一位AI绘画师，请提供一些生成以牧场为主题的油画的AI绘画指令示例，字数在50字以内

当然，请尝试以下指令来生成一幅以牧场为主题的油画：

1. 生成一个宁静的牧场风景，包括草地、牛群和蓝天。
2. 创作一个黄昏时分的农场景，夕阳映照在麦田和红色农舍上。
3. 绘制一幅牧场上牛群悠闲吃草的画面，背景是绿色的山丘。
4. 画出一个牧场上的牧童在放羊，阳光洒在他们身上。
5. 制作一个四季变换的农场场景，包括春天的花朵、夏天的麦田、秋天的果园和冬天的雪景。

图7-4　ChatGPT生成油画绘画指令示例

ChatGPT 内容生成指令与范例大全

 请将第5个绘画指令翻译为英文

Certainly, here's the translation of the 5th painting instruction into English:

"Create a changing seasons farm scene, including spring flowers, summer wheat fields, autumn orchards, and winter snowscapes."

图7-4　ChatGPT生成油画绘画指令示例（续）

029 插画绘制指令范例

插画是一种艺术形式，与漫画和油画相同，具有传达信息和表达情感的作用。在AI绘画中，插画也是极为受欢迎的绘制类型。

用户运用 ChatGPT 生成插画绘画指令时可以采用以下指令模板进行提问。

你现在是一位 AI 绘画师，请提供一些生成 ×××（主题或风格）的插画的 AI 绘画指令示例，字数在 50 字以内

采用指令模板让 ChatGPT 生成插画绘画指令的示例如图 7-5 所示。

 你现在是一位AI绘画师，请提供一些生成国潮风格的插画的AI绘画指令示例，字数在50字以内

当然，以下是一些生成国潮风格插画的AI绘画指令示例：

1. 请绘制一幅国潮风格的中国龙图案，背景是红色的。
2. 以中国水墨画风格绘制一幅山水画，突出青山和流水。
3. 请创建一幅中国传统花鸟画，主题是牡丹花和孔雀。
4. 绘制一幅现代国潮风格的城市风景，突出中国元素和高楼大厦。
5. 以书法艺术风格绘制一幅"国泰民安"字样的插画。

这些指令可以帮助AI绘画师生成符合国潮风格的插画。

 请将第4个绘画指令翻译为英文

 Certainly, here is the translation of the fourth painting instruction into English:

"Please create a modern Chinese street style cityscape, highlighting Chinese elements and skyscrapers."

图7-5　ChatGPT生成插画绘画指令示例

插画的主题或风格有多种选择，如武侠风格、动物风格、花卉风格、工笔画风格、赛博朋克风格、扁平效果和 3D 效果等，用户可以根据自己的需求进行选择和调整。

030　水墨画绘制指令范例

水墨画是中国传统绘画的主要形式，以水、墨绘制而成，带有文雅、层次分明的艺术特征。用户通过 AI 技术能够快速地生成水墨画，获得水墨画绘制的灵感。

用户运用 ChatGPT 生成水墨画绘画指令时可以采用以下指令模板进行提问。

你现在是一位 AI 绘画师，请提供一个绘制×××（主题）水墨画的 AI 绘画指令示例，字数在 50 字以内，要求写意、传神

采用指令模板让 ChatGPT 生成水墨画绘画指令的示例如图 7-6 所示。

> CH　你现在是一位AI绘画师，请提供一个绘制山水风景水墨画的AI绘画指令示例，字数在50字以内，要求写意、传神

> 以淡墨为底，轻描山脉，苍松挺拔，云雾缭绕，水流潺潺，鱼戏荷塘。用墨浓淡表现远近，情感留白，意境深远。

> CH　请将这段绘画指令翻译为英文

> Using light ink as the background, lightly sketch the mountain range, with towering green pines, swirling mist, and babbling streams where fish play among lotus ponds. Use varying ink intensity to convey depth, leaving emotions unspoken, creating a profound artistic conception.

图7-6　ChatGPT生成水墨画绘画指令示例

用户在让 ChatGPT 生成水墨画绘画指令时，尽量在 ChatGPT 的指令中说明绘画要求，如写意、传神等，这样可以让 ChatGPT 生成更为有效的 AI 绘画指令。

031　摄影作品绘制指令范例

在绘画中，摄影作品也是一种艺术形式，AI 技术与摄影的结合同样能够带来具有美感的作品。AI 摄影是一门具有高度艺术性和技术性的创意活动。其中，人像、风光和黑白作为热门的主题，在展现瞬间之美的同时，也体现了用户对生活、自然和世界的独特见解与审美体验。

用户运用 ChatGPT 生成摄影作品绘制指令时可以采用以下指令模板进行提问。

你现在是一位 AI 绘画师，请提供一个绘制×××（主题）摄影作品的 AI 绘画指令示例，字数在 50 字以内，要求使用××镜头、××景别、××构图、××光线

采用指令模板让 ChatGPT 生成摄影作品绘制指令的示例如图 7-7 所示。

CH　你现在是一位AI绘画师，请提供一个绘制街景人像摄影作品的AI绘画指令示例，字数在50字以内，要求使用标准镜头、中景景别、竖构图、顺光线

使用标准镜头拍摄，选择中景景别，确保竖构图，借助顺光线，捕捉街头繁忙的人流和建筑物。人物要生动表现，背景细节丰富，以突出城市街景的独特魅力。

CH　将这段绘画指令翻译为英文

Capture the bustling street scene with a standard lens, opting for a mid-range composition, ensuring a vertical framing, and utilizing favorable backlighting. Depict vivid, lifelike individuals amidst a richly detailed backdrop, emphasizing the unique charm of urban street life.

图7-7　ChatGPT生成摄影作品绘制指令示例

摄影作品相对于其他绘画作品而言有所不同，它有很大的纪实性，且需要考虑镜头、景别、构图、光线等因素，用户在提供给 ChatGPT 提示词时应注意这些。

032 设计作品绘制指令范例

设计作品是指一些设计图纸或图稿，包括服装产品、珠宝首饰、礼盒包装、室内布局等。用 AI 绘画工具绘制设计作品，一方面可以为设计者提供创意灵感，另一方面可以让 ChatGPT 协助完成设计稿。

用户运用 ChatGPT 生成设计作品绘制指令时可以采用以下指令模板进行提问。

你现在是一位 AI 绘画师，请生成一些绘制 ××× 设计图的 AI 绘画指令示例

采用指令模板让 ChatGPT 生成设计作品绘制指令的示例如图 7-8 所示。

CH　你现在是一位AI绘画师，请生成一些绘制珠宝设计图的指令示例

当我作为AI绘画师生成珠宝设计图时，以下是一些指令示例，以帮助你开始：

1. 钻石戒指设计

- "请绘制一个白金钻石戒指的设计，主石是一个八爪镶嵌的圆形3克拉钻石，环绕着它有小型钻石和微微弯曲的装饰。"
- "创造一个玫瑰金钻石戒指，主石是一个梨形切割的粉红钻石，两侧有两颗小的圆形钻石，设计要尽量突出主石的美丽。"

图7-8　ChatGPT生成设计作品绘制指令示例

2. 蓝宝石项链设计
- "请设计一款蓝宝石项链，主要特点是一个大而明亮的椭圆形蓝宝石挂坠，周围有精致的白金链条。"
- "创建一个白金项链，有多个蓝宝石和白钻石交替排列的设计，使它看起来华丽而高雅。"

3. 黄金耳环设计
- "绘制一对黄金耳环，形状是花朵，每朵花的中心都嵌有一颗明亮的红宝石，花瓣上有小钻石的装饰。"
- "创造一对古典风格的黄金耳环，有复杂的纹理和珍珠的装饰，呈现出复古优雅的外观。"

4. 珠宝首饰套装
- "请设计一个包括项链、耳环和手镯的完整珠宝套装，以蓝色宝石为主题，确保它们相互协调，同时也注重独特性。"
- "创造一套白金首饰，包括一条项链、一对耳环和一个戒指，所有的首饰都要以几颗大的钻石为特色，以吸引人的眼光。"

请记住，这些是示例指令，你可以根据你的具体需求和喜好来定制珠宝设计。我将尽力生成符合你要求的图像，但由于文字限制，无法直接提供图像。可以使用绘图软件或与专业珠宝设计师合作来实现这些设计。

图7-8　ChatGPT生成设计作品绘制指令示例（续）

在以上 ChatGPT 生成的设计作品绘制指令中，用户可以根据自己的需求选择并调整绘画指令，让 ChatGPT 提供翻译帮助，再输入至 Midjourney 中，便可以获得设计图。

033／电商产品图绘制指令范例

AI 技术可以在电商广告中发挥重要作用，店铺 Logo、产品主图、模特展示图、产品详情页等都可以运用 AI 技术进行设计，以提高工作效率和增加产品的成交率。

用户运用 ChatGPT 生成电商产品图绘制指令时可以采用以下指令模板进行提问。

你现在是一位 AI 绘画师，请提供一个 ×××（产品）产品主图／详情页图／模特展示图的 AI 绘画指令示例，字数在 50 字以内

采用指令模板让 ChatGPT 生成电商产品图绘制指令的示例如图 7-9 所示。

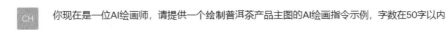

你现在是一位AI绘画师，请提供一个绘制普洱茶产品主图的AI绘画指令示例，字数在50字以内

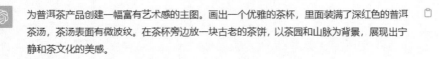

为普洱茶产品创建一幅富有艺术感的主图。画出一个优雅的茶杯，里面装满了深红色的普洱茶汤，茶汤表面有微波纹。在茶杯旁边放一块古老的茶饼，以茶园和山脉为背景，展现出宁静和茶文化的美感。

图7-9　ChatGPT生成电商产品图绘制指令示例

当用户对 ChatGPT 生成的电商产品图绘制指令不太满意时，可以多次单击 Regenerate 按钮让 ChatGPT 优化答案。

第 8 章　新媒体文案指令与范例

　　新媒体文案是指用于新媒体平台上推广、营销或传播的文字内容。这类文案是一种常见的广告形式，应互联网和数字传媒技术的发展而产生，且应用越来越广泛。本章将介绍运用 ChatGPT 生成新媒体文案的指令与范例。

034 指令应用步骤

扫码看视频

在"内容为王"的娱乐热潮中，新媒体工作者一直秉持着原创、创意、创新的原则来撰写新媒体文案，力求带给受众不一样的观感和观点。ChatGPT 的加入，可以为新媒体文案工作者提供一些创作灵感和思路，以使新媒体文案更富有新意。

本节将以让 ChatGPT 生成公众号文章为例，详细介绍使用 ChatGPT 生成新媒体文案的操作步骤。

STEP 01 赋予身份，询问建议：在 ChatGPT 输入框中输入指令，如"假设你是拥有多年新媒体运营经验的工作者，请你提供一些写作公众号文章的建议"，然后按 Enter 键确认，ChatGPT 即会提供写作公众号文章的建议，如图 8-1 所示。

> CH　假设你是拥有多年新媒体运营经验的工作者，请你提供一些写作公众号文章的建议

> ⑤　当你准备写作一篇公众号文章时，以下是一些可以考虑的建议，这些建议可以帮助你吸引更多读者、提高内容质量并增加互动：
>
> 1. **明确你的受众**：在开始写作之前，确定你的目标读者是谁。了解他们的兴趣、需求和期望，以便你的文章能够满足他们的期望。
> 2. **有吸引力的标题**：选择一个有趣、引人入胜的标题，能够吸引读者的注意力。标题是让人们点击文章的第一步，所以务必慎重选择。
> 3. **引人入胜的开头**：在文章的开头，使用一个引人入胜的故事、问题、统计数据或引用来引起读者的兴趣。第一段应该让人们想要继续阅读。
> 4. **清晰的结构**：确保文章有一个清晰的结构，包括引言、正文和结论。使用标题、子标题和段落来帮助读者理解文章的逻辑结构。
> 5. **有价值的内容**：提供有价值、有深度的信息。解决读者的问题，提供实用的建议，或分享有趣的见解。确保你的文章是读者可以从中受益的。
> 6. **简明扼要**：避免冗长的叙述和复杂的句子。尽量用简洁明了的语言来表达你的想法。
> 7. **举例和证据**：支持你的观点和主张，使用事实、案例研究、引用或统计数据来增加可信度。
> 8. **视觉辅助工具**：使用图片、图表、表格、视频等视觉辅助工具来丰富你的内容，使之更具吸引力和易于理解。
> 9. **互动和分享**：鼓励读者与你互动，留下评论、提问或分享文章。在文章末尾或中间提出问题，引导读者参与讨论。
> 10. **定期更新**：保持你的公众号内容的新鲜度，定期发布新文章。这有助于保持读者的兴趣。
> 11. **社交媒体推广**：分享你的文章在社交媒体上，与读者互动，回应他们的评论和反馈。
> 12. **关注数据分析**：使用分析工具来追踪文章的表现，了解哪些文章受欢迎，哪些不受欢迎，以便调整你的写作策略。
> 13. **建立个人品牌**：在公众号上建立自己的个人品牌，让读者认识你，建立信任关系。
> 14. **学习和改进**：不断学习，关注新的写作技巧和趋势。根据读者的反馈和数据分析来改进你的写作。
> 15. **遵循法律和伦理规定**：确保你的文章遵循版权法和伦理准则，不侵犯他人的权利，保护你的声誉。
>
> 最重要的是，写作需要练习和耐心。随着时间的推移，你会变得更加熟练，更能满足读者的需求。不断尝试新的写作技巧和主题，保持创造力，让你的公众号文章脱颖而出。

图8-1　ChatGPT提供写作公众号文章的建议

STEP 02 确定主题，提出需求：在输入框中继续输入指令，如"请根据这些建议，以'为什么好朋友会渐行渐远'为主题，写作一篇公众号文章"，然后按 Enter 键确认，ChatGPT 即会生成特定主题的公众号文章，如图 8-2 所示，可以看出，ChatGPT 给出的公众号文章有足够鲜明的观点，但缺乏一些案例，容易给人空洞之感，不够有说服力。

标题：为什么好朋友会渐行渐远？解析背后的原因与应对之道

引言：
在生活中，我们会遇到各种各样的人，但只有少数人能成为真正的好朋友。然而，有时候即使是最亲密的友情也会渐行渐远，这是为什么呢？本文将深入探讨好朋友渐行渐远的原因，并提供一些应对之道，帮助我们更好地维系友情。

1. **生活阶段的不同**
　生活是不断变化的，每个人都会经历不同的生活阶段。当好朋友在事业、家庭、兴趣等方面有了不同的需求和优先级时，可能会导致交往减少。这并不意味着友情的减弱，而是需要理解和尊重彼此的生活选择。

2. **沟通不足**
　沟通是维系友情的关键。忙碌的生活往往使人们忽略了与好友的联系。渐行渐远的好友往往是因为长时间没有互相交流，导致心理距离逐渐加大。要保持友情，应该定期与好友交流，分享彼此的生活。

3. **兴趣不合**
　好友之间通常有共同的兴趣爱好，但随着时间的推移，这些兴趣可能会发生变化。如果你和好友的兴趣逐渐不合，可能会导致交往减少。解决这个问题的方法是寻找新的共同兴趣，以保持友情的新鲜感。

4. **矛盾和误解**
　矛盾和误解是友情破裂的常见原因。有时候，因为一些小事情发生争执，但如果不能妥善处理，可能会积累成大问题。要维系友情，双方应该学会倾听对方，解决矛盾和误解。

应对之道：

1. **定期联系**
　确保与好友保持定期联系，无论是通过短信、电话、视频通话还是面对面聚会。这有助于消除心理距离，保持友情的温暖。

2. **理解和尊重**
　理解好友的生活阶段和需求，尊重他们的选择。友情不是要求对方总是可用，而是在需要时互相支持。

3. **开诚布公的对话**
　如果存在矛盾或误解，勇敢地开启对话，解决问题。诚实和坦率的交流通常能够加强友情。

4. **寻找新的共同点**
　如果兴趣发生变化，努力寻找新的共同兴趣，一起尝试新的活动和体验，这样可以增加友情的深度。

结论：
好朋友渐行渐远是一个常见的现象，但并不一定意味着友情已经结束。通过理解、沟通、解决问题和保持联系，我们可以维系好友之间的特殊纽带，让友情更加牢固。不要忘记，在生活中，真正的好朋友是珍贵的财富，值得我们用心去维护。

图8-2　ChatGPT生成特定主题的公众号文章

STEP 03 提出要求,优化文章:在输入框中继续输入指令,如"请在这篇文章中加入一些具体的案例,使观点更有说服力",然后按 Enter 键确认,ChatGPT 即会按照要求对公众号文章进行优化,如图 8-3 所示。

标题:为什么好朋友会渐行渐远?解析背后的原因与应对之道

引言:

在生活中,我们会遇到各种各样的人,但只有少数人能成为真正的好朋友。然而,有时候即使是最亲密的友情也会渐行渐远,这是为什么呢?本文将深入探讨好朋友渐行渐远的原因,并提供一些应对之道,帮助我们更好地维系友情。

1. **生活阶段的不同**
一对曾经无话不谈的大学室友,一方决定追求国际事务的职业道路,而另一方选择了开设自己的餐厅。随着事业的发展,他们的日常生活和时间规划发生了巨大变化,导致联系减少。这并不意味着友情的减弱,而是需要理解和尊重彼此的生活选择。

2. **沟通不足**
两位从小学起就是无话不谈的朋友,但随着成年,他们陷入了工作忙碌的生活。他们曾经每天通话,但现在几乎一年只有一两次。这种情况是因为长时间没有互相交流,导致心理距离逐渐加大。要保持友情,应该定期与好友交流,分享彼此的生活。

3. **兴趣不合**
两位一度热衷于登山的好友,但随着年龄的增长,一位逐渐对这项活动失去了兴趣,而另一位仍然热爱登山。这种情况可能会导致交往减少。解决这个问题的方法是寻找新的共同兴趣,以保持友情的新鲜感。

4. **矛盾和误解**
两位多年来的密友,因一次误解导致了一场争吵。这个争执没有得到及时解决,渐渐地将他们拉开了距离。如果你和好友之间有矛盾或误解,必须勇敢地开启对话,解决问题。诚实和坦率的交流通常能够加强友情。

应对之道:

1. **定期联系**
确保与好友保持定期联系,无论是通过短信、电话、视频通话还是面对面聚会。这有助于消除心理距离,保持友情的温暖。

2. **理解和尊重**
理解好友的生活阶段和需求,尊重他们的选择。友情不是要求对方总是可用,而是在需要时互相支持。

3. **开诚布公的对话**
如果存在矛盾或误解,勇敢地开启对话,解决问题。诚实和坦率的交流通常能够加强友情。

4. **寻找新的共同点**
如果兴趣发生变化,努力寻找新的共同兴趣,一起尝试新的活动和体验,这样可以增加友情的深度。

结论:

好朋友渐行渐远是一个常见的现象,但并不一定意味着友情已经结束。通过理解、沟通、解决问题和保持联系,我们可以维系好友之间的特殊纽带,让友情更加牢固。不要忘记,在生活中,真正的好朋友是珍贵的财富,值得我们用心去维护。

图8-3 ChatGPT按照要求对公众号文章进行优化

在上述示例中,赋予一定的身份可以让 ChatGPT 生成的答案更为专业;在提出需求时,用户应明确公众号文章的主题,并将主题提供给 ChatGPT,让 ChatGPT 生成有针对性的文章；在提出要求的步骤中，用户可以结合实际的需求和受众喜好进行追问，让 ChatGPT 优化公众号文章。

035　小红书笔记范例

小红书以笔记的形式传递信息、传播观点，是很受欢迎的新媒体平台之一。在特定主题的指令下，ChatGPT 也可以生成小红书笔记，从而使小红书的内容创作者们可以轻松运营账号和保持更新。

用户运用 ChatGPT 生成小红书笔记时可以采用以下指令模板进行提问。

❶ 赋予身份：假设你是一位拥有百万粉丝的小红书博主，请分享一些创作爆款笔记的秘诀

❷ 提出需求：请根据这些方法，以×××为主题，创作一篇小红书爆款笔记

采用指令模板让 ChatGPT 生成小红书笔记的示例如图 8-4 所示。

后续用户还可以要求 ChatGPT 修改小红书笔记，如增加真实的案例、推荐好用的产品等，让小红书笔记更能吸引受众。

 假设你是一位拥有百万粉丝的小红书博主，请分享一些创作爆款笔记的秘诀

 作为一位拥有百万粉丝的小红书博主，创作爆款笔记的秘诀是关键之一，这将有助于吸引更多的读者，增加互动和影响力。以下是一些创作成功的秘诀：

1. 精选话题：选择受众感兴趣的热门话题或具有独特吸引力的主题。这可以包括美妆、时尚、旅行、美食、生活方式等。确保你选择的话题是与你的兴趣和专长相关的。

2. 创意标题：一个引人注目的标题可以吸引更多的点击率。确保标题能够概括你笔记的核心内容，并具有一定的神秘感或亲和力。

3. 高质量的内容：写出有深度、有见解、有价值的内容。可以结合你的个人经验、观点和建议，或者分享有趣的故事和生活见闻。不断提高写作技巧，使内容更具吸引力。

4. 高质量的图片和视频：在小红书上，视觉内容同样重要。确保你的图片和视频质量高，清晰度好，构图精美。使用专业的摄影设备或手机拍摄出色的视觉内容。

5. 互动和回应：积极与读者互动，回复他们的评论和提问。建立与粉丝之间的亲近关系，让他们感受到关注和尊重。

6. 定期更新：保持定期的内容更新，这有助于吸引更多的关注和保持读者的兴趣。制订一个内容发布计划，并严格执行。

7. 跨平台推广：利用其他社交媒体平台，如微博、微信、Instagram等，来推广你的小红书笔记。跨平台宣传有助于扩大你的影响力。

8. 合作和赞助：与品牌、其他博主或相关行业的合作伙伴建立合作关系，可以增加你的知名度，并为你的小红书笔记带来更多的流量和支持。

9. 分享个人故事：与读者分享一些真实的个人故事和经历，这有助于建立更深的情感联系，让读者更容易与你产生共鸣。

10. 持之以恒：在小红书博客上建立成功需要时间和耐心。不要气馁，持之以恒，不断改进和学习，逐渐积累粉丝和影响力。

图8-4　ChatGPT生成小红书笔记示例

请根据这些方法，以"秋冬季节补水干货"为主题，创作一篇小红书爆款笔记

当然，以下是一篇以"秋冬季节补水干货"为主题的小红书爆款笔记：

标题：秋冬季节补水干货，告别干燥肌肤的7个小窍门！

Hey小伙伴们，秋天到了，冬天也不远了，是时候和大家分享一些我的秋冬季节补水心得了！冷空气和暖气会让皮肤变得干燥，但别担心，我有七个小窍门来保持肌肤水润光滑，绝对是"零干燥"的秘诀。🍂❄️

1. 温和清洁

首先，千万不要用过于刺激的洁面产品。选择温和的洗面奶，早晚轻轻按摩脸部，然后用温水洗净。不要用热水，热水会剥夺皮肤的天然油脂，导致更干燥。

2. 水充足

多喝水是基本常识，但在这个季节尤为重要。保持身体充足的水分有助于皮肤的自我保湿。每天至少8杯水，保证你的肌肤水润。

3. 保湿面膜

每周使用保湿面膜一次，可以让你的肌肤获得深层滋润。我喜欢选择含有玻尿酸和胶原蛋白的面膜，它们可以迅速提升皮肤的保湿效果。

4. 护肤油

在晚间护肤步骤中，使用一些天然的护肤油，如橄榄油、玫瑰果油或葡萄籽油。轻轻按摩在脸上，帮助锁住水分，提高肌肤弹性。

5. 避免频繁洗手

频繁洗手会让手部皮肤变得干燥粗糙。使用温和的洗手液，洗手后及时涂抹护手霜，保持双手柔软。

6. 补水喷雾

办公室、户外和空调房间都会让皮肤变得干燥。随身携带一瓶补水喷雾，随时为肌肤补充水分，提神又美肤。

7. 内外结合

最后，不要忘记内外结合，保持健康饮食，摄取足够的维生素和抗氧化剂，让肌肤从内部得到滋养。

希望这些小窍门对你有帮助！秋冬季节不再是干燥肌肤的噩梦，保持水润肌肤，自信迎接每一天。如果你有更多的护肤秘诀，记得留言和我分享哦！🖤💧 #秋冬护肤 #肌肤补水 #护肤小窍门

图8-4　ChatGPT生成小红书笔记示例（续）

036 豆瓣书评范例

书评是新媒体平台中常见的文章形式，发挥着图书推广与传播的作用。要想有效地发挥书评的作用，创作者需要具备独到的见解、较强的文字表达能力和写作能力，而在 ChatGPT 的帮助下，创作者可以高效地完成豆瓣书评的写作。

用户运用 ChatGPT 生成豆瓣书评时可以采用以下指令模板进行提问。

 赋予身份：假设你是文学评论方面的专家，请提供一些写作书评的建议

 提出需求：请根据以上建议，对×××（书名）这本书写作专业的书评，要求客观中肯，字数在×（数字）字左右

采用指令模板让 ChatGPT 生成豆瓣书评的示例如图 8-5 所示。

> CH　假设你是文学评论方面的专家，请提供一些写作书评的建议

> 当写作书评时，有一些关键的建议可以帮助你撰写有深度和见解的评论。以下是一些写作书评的建议：
>
> 1. 阅读仔细：在撰写书评之前，确保你已经仔细阅读了整本书。理解作者的观点、主题、角色和情节对于撰写一篇有深度的书评非常重要。
> 2. 了解作者：研究作者的背景、风格和以前的作品，这有助于你更好地理解作者的写作风格和文学传统。
> 3. 分析主题和情感：探讨书中的主题、情感和象征，以及它们是如何通过故事、角色和语言表达的。你可以讨论作者试图传达的信息或情感，以及它们对读者产生的影响。
> 4. 角色分析：讨论书中的主要角色，包括他们的性格、动机和发展。你可以谈论角色之间的关系以及他们在故事中的作用。
> 5. 文体和语言：评价作者的写作风格、语言运用和叙述技巧。你可以讨论作者的语言选择是否有效，是否有令人印象深刻的描述或对话。
> 6. 结构和情节：分析书的结构和情节发展。讨论故事的起承转合，看看它们是如何支撑主题和情感的。
> 7. 批评和评价：书评不仅是对书的描述，还应该包括你的观点和批评。你可以提出你喜欢或不喜欢的方面，并解释为什么。避免过于主观，尽量提供有理有据的理由。
> 8. 文学背景：将书放在文学背景中进行讨论，比如与其他作品的对比或与特定文学流派的联系。
> 9. 引用书中的例子：为了支持你的观点，引用书中的具体例子是很有帮助的。这可以让读者更好地理解你的分析。
> 10. 评价适应度：考虑书的适应度，即它是否达到了作者设定的目标，是否适合目标读者群体。
> 11. 避免剧透：尽量避免透露关键情节或结局，以免给潜在的读者带来不愉快的经历。
> 12. 语言和结构：书评本身也应该有良好的语言和结构。确保你的评论有清晰的开头、中间和结尾，并使用清晰、准确的语言。
>
> 最重要的是，书评应该是有深度和见解的，能够帮助读者更好地理解书的内涵和作者的意图。遵循上述建议可以帮助你写出有价值的书评。

图8-5　ChatGPT生成豆瓣书评示例

请根据以上建议，对《百年孤独》这本书写作专业的书评，要求客观中肯，字数在500字左右

《百年孤独》是哥伦比亚作家加西亚·马尔克斯的杰作，被誉为拉丁美洲文学的巅峰之作。这部小说以其浓郁的魔幻现实主义风格、深刻的主题和生动的人物而著称。在这篇书评中，我将从不同的角度分析这本书。

首先，这本小说的文学价值不可忽视。马尔克斯的写作风格独特，充满了富有想象力的叙述和细致入微的描写。他巧妙地融合了现实与超自然元素，创造出一个充满奇幻和神秘的世界，使读者陷入其中。他的语言运用也非常出色，用词精准，情感真挚。例如，他对风景的描绘让人仿佛置身于马孔多小镇，感受到了其独特的氛围。

其次，小说的主题和情感是深刻的。《百年孤独》探讨了时间、孤独、爱、家庭和命运等复杂的主题。故事中的布恩迪亚家族代代相传的命运让人深思。马尔克斯通过讲述这个家族的故事，反映了整个拉丁美洲社会的历史和发展。书中的人物也各具特色，他们的情感和内心世界都被生动地呈现出来，使读者能够与之产生共鸣。

此外，小说的结构和情节发展也值得称赞。虽然故事线条错综复杂，包含了多代人物的生活经历，但马尔克斯通过巧妙地将它们编织在一起，使整个故事一气呵成。小说的开头即是布恩迪亚家族的创立，而结局则扣人心弦，引人深思。马尔克斯的叙述技巧使得读者能够沉浸在故事中，一发不可收拾。

然而，值得注意的是，《百年孤独》的复杂性可能不适合所有读者。有些人可能会感到迷惑，因为故事中充满了超自然元素和非线性叙事。此外，书中的某些场景和情节也可能令人不适，因为它们表现了人性的暗面和社会的腐化。

综上所述，《百年孤独》是一部具有深刻文学价值的杰作，以其独特的写作风格、深刻的主题和丰富的人物形象而闻名于世。然而，它也是一本具有挑战性的书，需要读者投入时间和精力来理解和欣赏。无论如何，这本书都值得一读，因为它提供了一个独特而令人难忘的文学体验。

图8-5　ChatGPT生成豆瓣书评示例（续）

用户使用 ChatGPT 生成豆瓣书评时，尽量多设置一些限制条件，如字数在 200 字以内、切入视角要独特、点评要中肯等，使 ChatGPT 生成的书评更有专业性。

037 播客内容范例

公众号文章、小红书笔记和豆瓣书评都是以视觉性内容为主的新媒体文案，播客内容则是以听觉内容为主的新媒体文案。播客内容类似于电台，通过声音传播文字内容、信息和观点，是快节奏时代发展中衍生的产物。

虽然传递方式、接收感官不同，但文本实质是相同的，对于播客来说，内容同样重要。用户巧用 ChatGPT，可以快速梳理逻辑和理清思路，撰写更清晰、完整的播客内容。

用户运用 ChatGPT 生成播客内容时可以采用以下指令模板进行提问。

假设你是一个播客运营者，正在运营一个×××（播客的类型）的播客，请以×××为主题来撰写一期播客内容

采用指令模板让 ChatGPT 生成播客内容的示例如图 8-6 所示。

 假设你是一个播客运营者，正在运营一个专门探讨现代人关注的热点话题的播客，请以"成年人为什么很难有纯粹的快乐了？"为主题来撰写一期播客内容

 播客介绍：

大家好，欢迎来到《现代人心声》播客，我是你的主持人[你的名字]。在今天的节目中，我们将深入探讨一个备受关注的话题，那就是为什么现代成年人很难再体验到纯粹的快乐。

在这个快节奏、高压力的现代社会中，人们似乎越来越难以找到那种纯粹、无忧无虑的快乐。我们会分析现代社会的各种因素，探讨为什么快乐对许多人来说似乎如此遥不可及。同时，我们也将分享一些方法和策略，帮助大家在繁忙的生活中重新发现快乐。

1. 现代社会的挑战

首先，让我们回顾一下现代社会对成年人带来的挑战。生活节奏快、工作压力大、社交媒体的普及以及信息过载，这一切都为我们的快乐设置了障碍。与此同时，人们不断追求更高的生活质量和事业成功，导致了不断升级的焦虑和压力。

2. 理解快乐的本质

要理解为什么现代人很难体验到纯粹的快乐，我们需要先了解快乐的本质。快乐通常是一种瞬间的情感体验，而不是一种持久的状态。然而，现代社会常常将快乐与物质财富、社交地位或外部成就相联系，这使得许多人陷入了不断追逐更多、更大、更好的陷阱，而忘记了真正的幸福源于内心。

3. 快乐的社交方面

在社交媒体的时代，人们越来越关注外界对他们生活的看法，努力维护一个完美的形象。这种焦虑和社交压力可能会让我们忘记了与朋友和家人分享纯粹的快乐时刻的重要性。我们将探讨如何建立更深入的社交联系，以重新找回快乐的本质。

4. 内心平静与自我关爱

要重新找回纯粹的快乐，内心的平静和自我关爱是至关重要的。我们会分享一些冥想和心灵修行的技巧，帮助你在日常生活中找到宁静，并学会照顾自己的身心健康。

5. 寻找纯粹的快乐

最后，我们将分享一些简单的方法，帮助你在现代社会中寻找并体验到纯粹的快乐。无论是与大自然亲近、追求兴趣爱好、帮助他人还是享受美食，都有助于让你在快节奏的生活中找到真正的幸福。

在今天的节目中，我们将探讨这个深刻而复杂的话题，希望能为你提供一些思考和启发，帮助你在现代社会中追求更加纯粹的快乐。如果你有任何问题或想法，欢迎在我们的社交媒体上与我们分享。感谢大家收听《现代人心声》，我们下期节目再见！

图8-6　ChatGPT生成播客内容示例

播客内容一般以个人观点分享为主，因此用户若有自己关于某个话题的见解和观点，可以提供给 ChatGPT，让 ChatGPT 帮助梳理逻辑、开阔思路。

038 知乎内容范例

知乎也是新媒体领域中传播思想、交流观点的重要平台，人们喜欢在知乎上对一些提问发表看法，也会带着问题去阅读文章。对于新手创作者而言，想要创作一些专业的内容并不是一件容易的事，它需要创作者有知识的积累和深刻的思考，但在 ChatGPT 的帮助下，撰写出专业性的、能够引起共鸣的文章便不再是难事。

用户运用 ChatGPT 生成知乎内容时可以采用以下指令模板进行提问。

❶ 建立认知：你知道知乎平台吗？在知乎平台上的高赞内容有哪些特点？这些高赞内容通常使用什么文体写作？

❷ 提出需求：请根据知乎平台的写作模式和特征，用×××（文体）方式对以下问题进行回答（另起一行）问题：×××

采用指令模板让 ChatGPT 生成知乎内容的示例如图 8-7 所示。

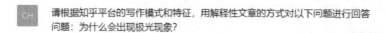

CH　请根据知乎平台的写作模式和特征，用解释性文章的方式对以下问题进行回答
问题：为什么会出现极光现象？

极光现象，又称极光（aurora），是一种迷人的自然奇观，通常出现在地球的极地地区。这种壮观的现象迷惑着人们数百年，但现在我们已经对它的发生原因有了更深入的理解。极光是由以下过程引起的，涉及太阳、地球的磁场以及大气层中的气体和粒子。

1. **太阳的活动：** 极光的根本原因可以追溯到太阳的活动。太阳不断释放大量的带电粒子，这被称为太阳风。这些粒子中的一部分包含电子和质子，它们在太阳的光球层和日冕层之间的区域中加速并被排放到太阳系中。

2. **地球的磁场：** 地球拥有一个巨大的磁场，这个磁场保护着我们免受太阳风中的带电粒子伤害。地球的磁场与太阳的带电粒子相互作用，将这些粒子引导到地球的极地地区。在极地附近，磁场会将这些带电粒子引导到地球的磁极附近。

3. **大气中的气体：** 当太阳风中的带电粒子进入地球的大气层时，它们与大气中的气体发生碰撞。这些碰撞会激发气体中的原子和分子，使它们进入激发态。

4. **激发态原子的发光：** 当气体中的原子和分子从激发态返回基态时，它们会释放出能量。这些能量以形式鲜艳的光线发射出来，形成了极光。不同类型的气体和分子会在不同的高度产生不同颜色的光，这解释了为什么极光呈现出多种色彩，如绿色、红色、紫色等。

总的来说，极光现象是太阳活动、地球磁场和大气中的气体相互作用的结果。这一奇妙的自然景观提醒我们地球与太阳之间复杂而精妙的互动，同时也是科学研究和自然美的重要来源。因此，极光不仅是一种迷人的视觉盛宴，也是对宇宙物理学和地球科学的永恒启发。

图8-7　ChatGPT生成知乎内容示例

基于 ChatGPT 可能对知乎平台不太了解的判断，可以先向 ChatGPT 提问多个问题，让 ChatGPT 通过问题建立平台认知，在确定了相关信息之后，再要求 ChatGPT 生成知乎内容，使 ChatGPT 给出的答案更有针对性。

第 9 章　新闻传媒指令与范例

新闻在传媒行业中占有主要地位，对于启发民众有重要的作用。ChatGPT 的出现，能够为新闻的选题、采编、撰写等环节出一份力量，帮助新闻工作者更好地传播资讯。本章将介绍使用 ChatGPT 生成新闻传媒的指令与范例。

039 指令应用步骤

扫码看视频

对于新闻工作者而言，最主要的工作任务是采写即时、有效的新闻资讯传达给读者。而写作一篇时效性强、内容全面、观点深刻的新闻稿件并非一件易事，在 ChatGPT 的帮助下，新闻工作者可以提高写稿的效率和质量。

本节将以让 ChatGPT 撰写新闻稿件为例，详细介绍使用 ChatGPT 协助新闻传媒工作的操作步骤。

STEP 01 明确主题，撰写提纲：在 ChatGPT 输入框中输入指令，如"假设你是一名新闻记者，需要写一篇关于网络诈骗的新闻资讯，请生成一份完整的新闻提纲"，然后按 Enter 键确认，ChatGPT 即会生成新闻提纲，如图9-1 所示。

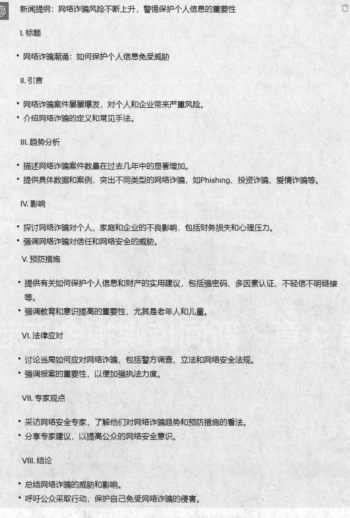

图9-1　ChatGPT生成的新闻提纲

STEP 02　提出要求，撰写初稿：在输入框中继续输入指令，如"请根据提纲，写一篇发布于报纸上的新闻稿件，要求：字数在 800 字左右，表述严谨、精练"，然后按 Enter 键确认，ChatGPT 即会生成新闻稿件的初稿，如图 9-2 所示。

网络诈骗潮涌：如何保护个人信息免受威胁

网络诈骗案件在近年来呈现出令人震惊的增长趋势，给个人和企业带来了严重的风险和损失。这一不容忽视的问题已经引起了各界的广泛关注，而保护个人信息的重要性也愈发显得迫切。

趋势分析

据最新数据显示，网络诈骗案件的数量在过去几年中显著增加，为了获取不法利益，犯罪分子采用各种巧妙的手法。Phishing（钓鱼攻击）是其中之一，犯罪分子伪装成信誉良好的机构，欺骗用户提供个人信息或敏感数据。投资诈骗也屡屡上演，骗子宣扬高回报率，引诱受害者投资并最终骗走资金。此外，爱情诈骗案件也在不断增加，犯罪分子冒充恋人或亲密关系，以获取金钱或个人信息。

影响

网络诈骗不仅对受害者的财务状况造成沉重打击，还对其心理健康产生严重影响。财务损失常常伴随着深感羞耻和愧疚的情感，这种心理压力对受害者的生活质量产生负面影响。此外，网络诈骗还损害了人们对互联网的信任，破坏了网络安全的基石。

预防措施

为了保护自己免受网络诈骗的威胁，公众需要采取一系列预防措施：

1. 使用强密码：确保密码足够复杂，并定期更换密码。
2. 多因素认证：启用多因素认证，增加账户的安全性。
3. 谨慎点击链接：不轻信不明链接，尤其是来自不熟悉的发送者。
4. 教育和意识提高；教育家庭成员，特别是老年人和儿童，如何识别和应对网络诈骗。

法律应对

当局也采取了一系列措施来打击网络诈骗犯罪。警方积极调查网络诈骗案件，追查犯罪分子并将其绳之以法。此外，一些国家已经制定了严格的网络安全法规，以确保网络诈骗犯罪者受到严惩。公众被鼓励积极报案，以便加强执法力度，净化网络环境。

专家观点

网络安全专家认为，提高公众的网络安全意识至关重要。专家建议公众不要轻信来自陌生人的信息，不要随意提供个人信息，始终保持警惕。此外，专家还建议个人和企业采用最新的网络安全技术和防护措施，以减少受到网络诈骗的风险。

结论

网络诈骗已经成为当今社会面临的严重威胁之一，其影响不容小觑。为了保护个人信息和财产，公众需要时刻保持警惕，采取预防措施，遵守网络安全最佳实践。同时，当局、专家和公众应共同努力，合作打击网络诈骗，确保互联网成为一个更加安全的空间。只有这样，我们才能更好地抵御网络诈骗的威胁，保护我们的社会和经济稳定。

图9-2　ChatGPT生成的新闻稿件的初稿

STEP 03 提供素材,优化稿件:在输入框中继续输入指令,如"新闻素材:×××(另起一行)请将这段素材精简,并融入到新闻内容中",然后按 Enter 键确认,ChatGPT 即会结合素材优化新闻稿件,如图 9-3 所示。

新闻素材:有市民收到电话提醒,称百万支付保障险的一月体验期即将到期,若取消则按照对方指示进行微信操作,否则将自动续费,每月扣除一定的费用。殊不知,百万支付保障险是微信平台免费提供的。
请将这段素材精简,并融入到新闻内容中

标题:市民受网络诈骗电话骚扰 警惕虚假百万支付保障险

市民近日纷纷报告收到一系列虚假电话,声称其百万支付保障险即将到期,若不按照对方指示进行微信操作,将自动续费并扣除费用。然而,事实却是百万支付保障险是微信平台提供的免费服务。

网络诈骗电话潮涌

最近,市民们纷纷受到一波虚假电话骚扰,骗子声称他们的百万支付保障险体验期即将到期,若不进行微信操作取消,将自动续费并每月扣除一定费用。这一骗局的目的是欺骗市民提供个人信息和银行账户信息,导致财务损失。

百万支付保障险实际情况

然而,经调查发现,百万支付保障险是微信平台提供的免费服务,不需要额外的支付和费用。这意味着市民不需要担心险种到期问题,更不需要按照虚假电话中的指示执行操作。

警惕网络诈骗

警方和网络安全专家强调市民们必须保持警惕,不轻信陌生电话中的信息,尤其是涉及个人信息和财务信息的情况。如果收到类似虚假电话,应立即挂断电话,并报告给当地执法机构。

总之,市民们需要时刻保持警惕,不要因为虚假电话而泄露个人信息或银行账户信息。同时,对于百万支付保障险等免费服务,不需要额外支付费用或进行额外操作。

图9-3 ChatGPT结合素材优化新闻稿件示例

在上述示例中,先让 ChatGPT 生成新闻提纲,可以帮助用户理清新闻稿件的思路;再让 ChatGPT 根据提纲来写作新闻稿件,可以确认 ChatGPT 对新闻稿件的写法和认知是否清晰;最后给 ChatGPT 提供素材,让 ChatGPT 结合素材来写作新闻稿件,可以让 ChatGPT 生成的新闻内容更有时效性。

040 新闻简讯范例

新闻简讯是 200 字以内的新闻消息,具有时效性、客观性和概括性等特征。新闻人员通过采编得来的新闻资讯,可以在 ChatGPT 的帮助下快速概括出要点,形成新闻简讯。

用户运用 ChatGPT 生成新闻简讯时可以采用以下指令模板进行提问。

请根据新闻的写法，将以下文字内容整理成一篇新闻简讯，字数不超过 200 字
文字内容：×××

采用指令模板让 ChatGPT 生成新闻简讯的示例如图 9-4 所示。

请根据新闻的写法，将以下文字内容整理成一篇新闻简讯，字数不超过200字
文字内容：
外卖小哥彭霖（化名），在送订单的途中不顾安危从10余米高的大桥上救下了一名跳桥的轻生女子，后因受伤住院治疗。XX县县长知道这件事后，前往医院探望彭霖，并代表政府、企业和个人赠送荣誉奖励和物质奖励。但彭霖却只收下了政府给予的荣誉奖励，表示希望将给予他的物质奖励用于家乡的教育事业。彭霖康复出院后，特意赶回老家，与企业沟通对接捐款的事。近日，当地民政局成立了"彭霖爱心公益中心"，并收到了爱心款项。
彭霖身上的这股正能量希望能传递到每一个学子身上，也呼吁大家在自己力所能及时多行善举。

外卖小哥彭霖救人英勇事迹受政府和企业表彰

XX县，2023年9月12日 - 在一次令人震惊的事件中，外卖小哥彭霖（化名）在送外卖订单的途中，毫不犹豫地从10余米高的大桥上救下了一名跳桥的轻生女子，但却因此受伤住院治疗。

这位英勇的外卖小哥的行为引起了社会的广泛关注。XX县县长得知此事后，亲自前往医院探望了彭霖，代表政府、企业和个人赠送了荣誉奖励和物质奖励以表彰他的勇敢行为。

然而，令人感动的是，彭霖选择只接受了政府颁发的荣誉奖励，将物质奖励用于支持家乡的教育事业。彭霖康复出院后，他特意赶回老家，积极与企业沟通，计划将物资奖励捐赠给需要的学校。

近日，XX县民政局宣布成立了"彭霖爱心公益中心"，并已收到了社会各界的爱心捐款，这股正能量将用于帮助更多有需要的学子。

彭霖的善举希望能激励更多人在自己力所能及的范围内行善，将正能量传递给每一位学子，为社会贡献更多爱心。

图9-4　ChatGPT生成新闻简讯示例

用户应提供真实、有效的新闻素材给 ChatGPT，确保 ChatGPT 生成的新闻简讯是有价值的，以上示例仅为参考。

041 期刊文章范例

期刊与报纸的功效相同，都是刊登有时效性的消息，发挥告知、通知、解惑、传达等作用。期刊文章的内容依据期刊的类型而定，如地理期刊主要刊登地理知识。用户巧用 ChatGPT，能够让 ChatGPT 根据期刊类型生成相应的期刊文章。

用户运用 ChatGPT 生成期刊文章时可以采用以下指令模板进行提问。

请根据期刊文章的写法，为 ×××（期刊类型）刊物写作一篇 ×××（主题）的
文章

采用指令模板让 ChatGPT 生成期刊文章的示例，部分内容展示如图 9-5 所示。

请根据期刊文章的写法，为营养刊物写作一篇关于三伏天养生的文章

标题：三伏天养生之道

摘要：本文探讨了在三伏天这一炎热季节如何通过合理的饮食和生活方式来保持身体健康。我们提供了一些实用的营养建议，帮助您在夏季高温下保持健康。

引言

三伏天是中国炎炎夏季的特点之一，这个时期气温高、湿度大，容易引发中暑和其他健康问题。因此，采取适当的养生措施非常重要，以确保身体在这个季节里保持健康和舒适。

一、保持充足的水分摄入

在三伏天，由于高温，人体容易出汗，从而导致水分流失加剧。因此，保持充足的水分摄入至关重要。建议每天饮用至少8杯水，以确保身体充足的水分供应。此外，您还可以选择食用多汁的水果和蔬菜，如西瓜、黄瓜和草莓，来增加水分摄入。

二、调整饮食结构

在三伏天，应调整饮食结构，减少高热量和高脂肪食物的摄入。增加新鲜蔬菜和水果的比例，这些食物富含维生素、矿物质和纤维，有助于维持身体的免疫功能和健康。此外，减少咖啡因和酒精的摄入，以避免脱水和不适感。

结论

在三伏天这个炎热的时期，采取适当的养生措施是至关重要的。保持充足的水分摄入、调整饮食结构、避免暴晒、适度运动和保持室内通风都可以帮助您度过一个健康而舒适的夏季。请记住，关注自己的身体健康是一项长期的任务，希望本文提供的建议对您有所帮助。

图9-5　ChatGPT生成期刊文章示例（部分内容）

第 10 章　社交媒体动态指令与范例

　　互联网的发展使人际交往方式以社交媒体为主，人们在社交媒体上分享自己的所思所想、喜悦或悲伤，以此寻求共鸣和认同。因此，发表和浏览社交媒体动态成为现代人们交往的重要手段，也是陌生人之间快速认识的途径之一。在 ChatGPT 的帮助下，用户可以获得不同类型的社交媒体动态。

042 指令应用步骤

社交媒体动态代表着现代人的社交心态，通常情况下，人们发送一条社交媒体动态或多或少是为了寻求关注，渴望他人关注自己的情感和情绪，若是已发送的动态被点赞、转发等，则会心存一些慰藉。

常见的社交媒体平台，如微信、微博、QQ 等，都是人们更新动态的阵地，其他一些如网易云音乐等音乐平台和微信读书等读书平台，可以作为更新动态的次要阵地。

本节将以让 ChatGPT 生成网易云音乐动态文案为例，详细介绍使用 ChatGPT 协助社交媒体动态更新的操作步骤。

STEP 01 确定主题，寻求建议：在 ChatGPT 输入框中输入指令，如"在网易云音乐平台中，发布什么样的文案才能够吸引人？"，然后按 Enter 键确认，ChatGPT 即会给出适合特定平台发布的文案建议，如图 10-1 所示。

在网易云音乐平台上发布吸引人的文案通常需要具备一定的 k 元素，这些元素可以帮助你吸引更多的听众和粉丝。以下是一些发布吸引人文案的建议：

1. **创意性**：文案要有独特和创新的元素，吸引人的眼球。可以尝试用一些有趣的文字、比喻、幽默或引用来吸引注意力。

2. **情感共鸣**：让你的听众感受到与你的音乐或歌词有情感上的共鸣。分享歌曲背后的故事、情感或灵感，让人们更容易产生共鸣。

3. **引用歌词**：如果歌曲中有令人难忘的歌词，可以将其引用在文案中，这有助于与听众建立联系，并让他们更容易与歌曲产生情感联系。

4. **互动**：鼓励听众参与互动，如留下评论、点赞、分享或提出问题。这有助于提高你的曝光度。

5. **故事叙述**：介绍你的音乐背后的故事，或者分享你的音乐之旅和成长经历。人们通常喜欢了解艺术家的背景故事。

6. **专辑或单曲介绍**：如果你发布的是一张专辑或一首新歌，可以在文案中简要介绍这个作品的主题、灵感来源和创作背景。

7. **标签和关键词**：使用适当的标签和关键词，以便更容易被搜索到。这些关键词应该与你的音乐风格、歌曲主题和流派相关。

8. **感谢与支持**：感谢你的粉丝和听众对你的支持。感恩之情常常能够吸引人们更多地关注和支持你。

9. **图片和视觉元素**：附加一些有吸引力的图片或视觉元素，让你的文案更具吸引力。视觉内容能够增强文案的效果。

10. **时间和频率**：选择发布时间，通常在人们在线时间较多的时候发布，可以获得更多的关注。此外，不要发布过于频繁，以免让人觉得烦扰。

图10-1　ChatGPT给出的适合特定平台发布的文案建议

STEP 02 提出需求，撰写文案：在输入框中继续输入指令，如"请从情感共鸣的角度，帮我写一条关于《春日狂想曲》这首歌的文案"，然后按 Enter 键确认，ChatGPT 即会生成相应的社交媒体动态文案，如图 10-2 所示。

STEP 03 提出要求，优化文案：在输入框中继续输入指令，如"请用创造性的表达方式优化这个文案，并简化字数"，然后按 Enter 键确认，ChatGPT 即会对社交媒体动态文案进行优化，如图 10-3 所示。

当谈到情感共鸣时，你可以尝试以下文案来描述《春日狂想曲》这首歌曲：

"春天，是大自然的醒来，也是心灵的觉醒。在《春日狂想曲》中，我捕捉到了那个令人陶醉的季节的美丽和生命的勃发。这首歌让我想起了那个特别的春日，当微风轻拂，花朵绽放，我仿佛能感受到大地的心跳。

每一音符都充满了温暖和希望，正如春天的阳光，融化了冬日的寒冷。或许你也曾经在春天里感受到了生命的力量，或是在一个特殊的瞬间找到了自己的春日狂想曲。无论你身在何处，让这首歌成为你心中的春日之声，一起陶醉在这美妙的季节中吧。分享你与春天的故事，让我们共同感受那份美好的情感共鸣。"

这个文案试图捕捉歌曲的情感核心，并邀请听众分享他们自己与歌曲相关的经历和情感，以建立更深层次的共鸣。

图10-2　ChatGPT生成相应的社交媒体动态文案

当阳春来临，音符就如鲜花一般开放。《春日狂想曲》是那个季节的秘密密码，它诉说着春日的梦幻与渴望。这曲中蕴藏着温柔与激情，正如春风轻拂，心跳跟随着花开。

这音符勾勒的画面，恰似一幅春日的风景画，柔和而充满活力。或许，你也曾在春天里追逐梦想，或感受到生命的跃动。不论身在何处，将这歌曲作为你春日之旅的伴侣，与我们共享春天的美好时光。让我们一同沉醉在这充满活力的旋律中，分享你与春天的故事，点燃心中的春日激情。

图10-3　ChatGPT对社交媒体动态文案进行优化

在上述示例中，由于社媒平台是音乐平台，因此提供的主题与音乐相关，并让 ChatGPT 生成了关于歌曲的动态文案。但动态文案更多的是以个人的感受为主，ChatGPT 生成的动态文案仅作为思路参考，具体发布什么内容取决于用户的需求和喜好。

043　朋友圈文案范例

朋友圈文案是人们在生活中接触频率比较高的社交媒体动态文本，主要发挥社交的作用。好的朋友圈文案往往能给人留下深刻的印象，让亲朋好友禁不住点赞。在 ChatGPT 的帮助下，用户能够更高效率地创作出好的朋友圈文案，从而吸引大量的点赞。

用户运用 ChatGPT 生成朋友圈文案时可以采用以下指令模板进行提问。

❶ 询问建议：你知道怎样写出吸引人点赞的朋友圈文案吗？

❷ 提出需求：×××（描述主题或事件），请根据以上建议，帮我写一条有吸引力的朋友圈文案

采用指令模板让 ChatGPT 生成朋友圈文案的示例如图 10-4 所示。

CH　你知道怎样写出吸引人点赞的朋友圈文案吗?

当写朋友圈文案以吸引点赞时,可以考虑以下一些策略和注意事项:

1. **独特性和创意**:创造性的内容通常更容易引起人们的兴趣。尝试使用幽默、引人入胜的故事或者独特的观点来吸引注意力。

2. **情感和情感共鸣**:写一些能够触动情感的文案,让人们感到亲近。分享自己的经历、感受或者感悟,或者与他人的情感共鸣,都可以增加互动。

3. **图片和视觉元素**:选择高质量的图片或者有趣的视觉元素来搭配文案,这可以让你的朋友圈更加吸引人。美丽的照片或者有趣的插图都能够引起注意。

4. **问题或引发讨论的话题**:提出一个有趣或者引人深思的问题,鼓励朋友们参与讨论。这样可以增加互动并让你的朋友圈更有深度。

5. **积极正面的内容**:避免负面或争议性的内容,因为这可能引起不必要的争议。相反,分享一些积极正面的内容,让人们感到愉快和鼓舞。

6. **个性化**:让你的文案反映你自己的个性和兴趣。如果你热爱某种特定的主题或者话题,可以在朋友圈中多次分享相关内容,这样可以吸引与你有相似兴趣的人。

7. **趣味性和幽默**:幽默的内容通常更容易引发点赞。如果你有一些幽默感,可以尝试在文案中加入一些幽默元素。

 CH　国庆期间,我去广州玩了五天,回来后我想发一条朋友圈,请根据以上建议,帮我写一条有吸引力的朋友圈文案

当您分享您的国庆五日游到广州的经历时,以下是一条吸引人的朋友圈文案的示范:

"五彩斑斓的国庆假期,我踏上了广州之行,与这座城市的繁华相遇,留下了美好的回忆。走在陈家祠的古巷,品尝广州的美食,感受了南国的风情。这五天,仿佛时间停滞,但回忆永恒。在这个特别的假期里,我发现了广州的魅力,也享受了难忘的时光。现在,我把这份幸福与你们分享,愿我们都能在生活中找到快乐和美好。☺🈲🈹 #广州游记 #国庆五日游 #珠江夜景 #美食之旅"

这个文案结合了个人的情感、旅行经历的亮点,还使用了一些相关的标签,这有助于吸引更多的人关注和点赞。同时,这个文案也是积极正面的,让人感到愉快和鼓舞。记得在发布之后积极地互动,回复朋友的评论,增加社交互动。祝你的朋友圈文案大获成功! 👍🎉

图10-4　ChatGPT生成朋友圈文案示例

用户在让 ChatGPT 生成朋友圈文案时,主要把握两个要点:一是提供给 ChatGPT 关于文案的主题、背景信息;二是按照自己的日常喜好提出优化文案的要求。

044 微博文案范例

与微信朋友圈文案一样,微博文案也是带有社交属性的文案之一。在 ChatGPT 的帮助下,用户可以分享一些有趣、有意义的微博文案,以获得所需的共鸣和认同。

用户运用 ChatGPT 生成微博文案时可以采用以下指令模板进行提问。

❶ 询问信息:微博平台中的文案有哪些类型和特征?

❷ 提出需求：×××（描述主题或背景事件），请根据微博文案的特征，帮我写一条 ×××（文案类型）的文案

采用指令模板让 ChatGPT 生成微博文案的示例如图 10-5 所示。

CH　微博平台中的文案有哪些类型和特征？

在微博平台中，文案的类型和特征可以根据内容、目的和风格等因素进行分类。以下是一些常见的微博文案类型和它们的特征：

1. 营销文案
   - 特征：强调产品或服务的特点、优势，通常包括促销、折扣信息。
   - 目的：促销、增加销售、品牌推广。

2. 品牌故事文案
   - 特征：讲述品牌的历史、理念、文化，以建立品牌形象。
   - 目的：树立品牌形象、吸引忠实粉丝。

3. 活动公告文案
   - 特征：宣传即将举行或正在进行的活动、比赛、庆典等。
   - 目的：吸引参与者、提高活动知名度。

4. 新闻报道文案
   - 特征：传递新闻事件、信息或热点话题。
   - 目的：提供新闻信息、引发讨论。

5. 个人情感文案
   - 特征：表达个人情感、心情、经历，通常带有个人观点。
   - 目的：与粉丝分享情感、建立情感连接。

6. 文化娱乐文案
   - 特征：分享电影、音乐、书籍、艺术等文化娱乐信息。

7. 知识分享文案
   - 特征：分享知识、教育内容、技能技巧等。
   - 目的：教育、启发、建立专业形象。

8. 引用名言文案
   - 特征：引用名人名言、格言，传递特定主题或价值观。
   - 目的：启发、鼓励、传达智慧。

9. 趣味轻松文案
   - 特征：带有幽默、搞笑、调侃元素，引发笑声。
   - 目的：娱乐、轻松氛围、增加互动。

10. 图片配文文案
    - 特征：与图片或视频搭配，解释或增强视觉内容。
    - 目的：丰富内容、吸引目光。

11. 提问互动文案
    - 特征：通过问题引发观众互动、评论、讨论。
    - 目的：促进互动、增加参与度。

12. 社会议题文案
    - 特征：探讨社会问题、政治议题、环境问题等。
    - 目的：引发社会讨论、意识提升。

图10-5　ChatGPT生成微博文案示例

CH 我的微博主要发布一些轻松愉快的文案，请根据微博文案的特征，帮我写一条带有幽默元素的文案

当然，请看下面这条带有幽默元素的微博文案：

"今天又在超市里走了一圈，把购物车当导航了，结果导航一直说'左转进食品区'，我真的是来采景的，不是来买东西的！🛒😂"

这条文案结合了日常生活场景，通过幽默的方式表达了购物时的滑稽情境，希望你的粉丝能够欣然一笑！

图10-5　ChatGPT生成微博文案示例（续）

用户在使用 ChatGPT 生成微博文案时，可以事先说明自己所经营的账号类型和文案特征，让 ChatGPT 更有针对性地撰写微博文案。用户在获得了微博文案之后，可以根据自己的需求进行调整。

045　个性签名范例

个性签名的功效相当于人们的座右铭，可以是名人名言，也可以是简短的句子。个性签名可以当作人们在互联网上设置的名片，帮助人们在社交中给他人留下独特的第一印象。通过 ChatGPT，用户可以获得一些独特、新颖的个性签名。

用户运用 ChatGPT 生成个性签名时可以采用以下指令模板进行提问。

❶ 询问建议：如何写出独特、新颖的个性签名？

❷ 提出需求：请融入×××、×××、×××（关键词）等词，并运用修辞手法，帮我写一条有趣、独特的个性签名，字数在×（数字）字以内

采用指令模板让 ChatGPT 生成个性签名的示例如图 10-6 所示。

CH 如何写出独特、新颖的个性签名？

写出独特、新颖的个性签名需要一些创意和思考。以下是一些建议，帮助你创作出令人印象深刻的个性签名：

1. 自我反思：首先，思考一下你自己的兴趣、价值观、个性特点和生活经历。了解自己是创作独特签名的第一步。

2. 使用隐喻和比喻：比方说，将你的兴趣、特长或生活经历与其他不相关的事物相比较，可以创造出有趣的隐喻或比喻。例如，如果你喜欢旅行，你可以写："生命是一次旅行，每个城市都是一页新的故事。"这种比喻会让你的签名更具有创意和深度。

3. 借用名言或诗句：使用名言、诗句或文学作品中的经典语句可以为你的签名增添深度和智慧。确保选择与你的个性或情感相关的引用。

4. 创造性的游戏字词：尝试使用双关语、押韵或其他文字游戏来创造独特的签名。这些技巧可以使你的签名更加引人注目。

图10-6　ChatGPT生成个性签名示例

5. 表达情感：你的个性签名可以反映你的情感和情绪。如果你想要一个更加个人化的签名，可以考虑表达你的爱、幸福、激情或者其他情感。

6. 简洁明了：独特不一定意味着复杂。有时候，简洁明了的签名更容易被记住和理解。尽量用简短的语言表达你想要传达的信息。

7. 创作原创内容：最好的个性签名通常是你自己的创作。尝试从自己的生活和思想中获得灵感，这样你的签名将更加独特和真实。

> CH　请融入元气、人生、彩色等词，并运用修辞手法，帮我写一条有趣、独特的个性签名，字数在15字以内

> ⑤　"元气点亮人生，绘出斑斓彩色。"

图10-6　ChatGPT生成个性签名示例（续）

在上述示例中，根据个性签名具有简洁性的特征，用户在让 ChatGPT 生成个性签名时，应对其字数进行一定的限制，以 15 字左右为最佳。另外，当用户有明确的个性签名样式时，可以提供给 ChatGPT，使 ChatGPT 模仿样式来创作个性签名，示例如图 10-7 所示。

> CH　请模仿"希望和悲伤都是一缕光"的写法，创作一条新的个性签名

> ⑤　"勇气与柔情都是一片林"

图10-7　ChatGPT模仿样式创作个性签名示例

第 11 章　金融投资指令与范例

在金融领域，ChatGPT 可以充当"军师"，发挥分析数据和提供决策的作用。具体来说，将 ChatGPT 应用于金融行业，可以给出建议帮助营销人员进行宣传推广，帮助普通用户了解金融信息或熟悉金融产品，从而做出正确的投资决策。本章将介绍使用 ChatGPT 协助金融投资的指令与范例。

046 指令应用步骤

扫码看视频

营销方案是金融领域用于销售的一种手段，是对预期销售活动的整体性规划。一般而言，一份完整的营销方案包括基本问题、项目市场优劣势、解决问题的方案三个方面的内容。用户可以在 ChatGPT 的输入框中输入恰当的指令，让 ChatGPT 设计出可行的营销方案。

本节将以让 ChatGPT 生成营销方案为例，详细介绍使用 ChatGPT 协助金融投资决策的操作步骤。

STEP 01 询问信息：在 ChatGPT 输入框中输入指令，如"一份完整的营销方案包括哪些内容？"，确认 ChatGPT 是否了解营销方案，然后按 Enter 键确认，ChatGPT 即会给出营销方案的相关信息，如图 11-1 所示。

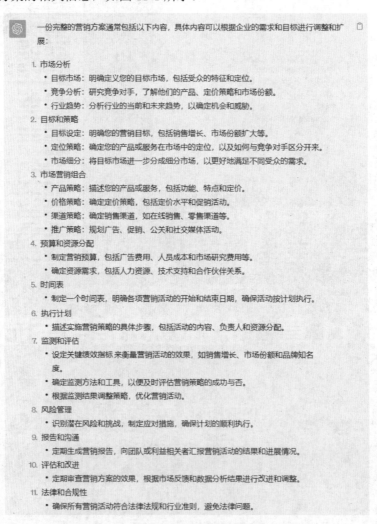

图11-1　ChatGPT给出的营销方案的相关信息

STEP 02 提出需求：在输入框中继续输入指令，如"请生成一份关于优惠购买车辆综合保险的营销方案"，然后按 Enter 键确认，ChatGPT 即会生成关于优惠购买车辆保险的营销方案样本，如图 11-2 所示。

营销方案：车辆综合保险优惠计划

1.市场分析

- 目标市场：车主、潜在购车者、租车公司等。
- 竞争分析：分析竞争对手的车险产品和价格策略。
- 行业趋势：关注车险市场的增长和消费趋势。

2.目标和策略

- 目标设定：增加车辆综合保险销售量10%。
- 定位策略：以"全方位保障"为主打卖点，提供全面的车险保障。
- 市场细分：将市场分为私人车主、商业车队和租赁公司等细分市场。

3.市场营销组合

- 产品策略：提供多样化的车辆综合保险产品，包括基本险种和可选增值服务。
- 价格策略：推出特价促销，提供优惠价格和年付款折扣。
- 渠道策略：扩大在线销售渠道，建立合作伙伴关系与经销商加强合作。
- 推广策略：通过广告、社交媒体、搜索引擎优化等渠道宣传，举办促销活动。

4.预算和资源分配

- 制定5%的营销预算，主要用于广告和促销活动。
- 分配人力资源来管理和推广活动。

5.时间表

- 活动时间表：制定一年内的活动计划，包括季度促销活动和特殊假期促销。

6.执行计划

- 活动内容：详细列出各项促销活动的内容、负责人和执行步骤。
- 制定优惠政策：明确特价促销、折扣政策和付款选项。

7.监测和评估

- KPIs：制定关键绩效指标，如销售增长、保单续保率、客户满意度等。
- 使用数据分析工具来监测活动效果，定期评估营销策略的成功与否。

8.风险管理

- 识别潜在风险，包括不利的市场变化和竞争压力。
- 制定应对措施，如根据市场反馈调整价格策略。

9.报告和沟通

- 定期向管理层和团队报告营销活动的结果和进展情况。
- 沟通客户关于新的优惠计划和产品更新。

图11-2　ChatGPT生成的关于优惠购买车辆保险的营销方案样本

10. 评估和改进

- 定期审查营销方案的效果，根据市场反馈和数据分析结果进行改进和调整。
- 优化产品和服务以满足客户需求。

11. 法律和合规性

- 确保车险产品符合法律法规和行业准则，避免法律问题。

图11-2　ChatGPT生成的关于优惠购买车辆保险的营销方案样本（续）

在上述示例中，询问信息这个步骤一方面可以让 ChatGPT 明确对话的前提，另一方面帮助用户确认 ChatGPT 是否了解营销方案。在询问信息步骤中，用户应提供明确的主题给 ChatGPT，以便 ChatGPT 有一定的依据生成营销方案。

047 营销短信范例

营销短信是金融领域中常见的营销方式，主要是以短信的形式，向受众传递金融产品或服务的优惠信息，从而获得用户的关注。营销短信的编辑形式通常是企业或品牌名称＋营销信息＋链接传送门＋"回 T 退订"，用户可以将其提供给 ChatGPT，让 ChatGPT 按照编辑形式批量生成营销短信，无须人工花费精力进行编辑。

用户运用 ChatGPT 生成营销短信时可以采用以下指令模板进行提问。

营销短信的编辑形式通常是企业或品牌名称＋营销信息＋链接传送门＋"回 T 退订"，请结合这类形式，编辑×××（产品或服务的推广信息）营销短信。

采用指令模板让 ChatGPT 生成营销短信的示例如图 11-3 所示。

> CH　营销短信的编辑形式通常是企业或品牌名称＋营销信息＋链接传送门＋"回T退订"，请结合这类形式，编辑一条"XXX银行推出定活期账户灵动互转，自动理财业务，欢迎用户办理"的营销短信。

> 当编辑营销短信时，确保信息简洁明了，同时提供必要的信息和行动指引。以下是符合您提供的编辑形式的一条短信：
>
> 【XXX银行】
> 尊敬的客户，XXX银行隆重推出定活期账户灵动互转，自动理财业务！您的财富管理更便捷，收益更高！立即办理：[链接传送门]，回T退订。
>
> 请注意，在这条短信中，我们首先提到了银行的名称（XXX银行），然后介绍了新的服务（定活期账户灵动互转，自动理财业务），并提供了办理的链接。最后，还包括了回复T退订的指示，以便用户可以选择不再接收这类营销信息。这种方式有助于确保短信内容清晰明了，同时为用户提供了明确的行动选项。

图11-3　ChatGPT生成营销短信示例

可以看出，ChatGPT 根据指令生成了符合形式要求的营销短信模板，用户可以将其复制并填入银行名称、参与链接等明确的信息后，发送给目标受众。若用户想让

ChatGPT 一次性生成可用的营销短信，可以在指令中提供具体、明确的营销信息。

048 金融数据分析范例

金融领域的数据分析一般会涉及公司账务数据、第三方统计数据、交易数据等，这些数据都可通过运用 ChatGPT 进行分析和处理。

用户运用 ChatGPT 分析金融数据时可以采用以下指令模板进行提问。

假设你是一名数据分析师，擅长做数据统计与处理工作。现在需要你根据以下数据分析 / 总结出 ×××（信息），以表格的形式呈现。数据如下：×××

采用指令模板让 ChatGPT 分析金融数据，如在输入框中输入"假设你是一名数据分析师，擅长做数据统计与处理工作。现在需要你根据以下数据分析该公司的财务存在哪些风险，以表格的形式呈现。数据如下：（提供具体的公司财务数据）"，ChatGPT 分析的金融数据的示例如图 11-4 所示。

根据提供的财务数据，以下是公司面临的一些财务风险的分析：

1. 流动资产与流动负债之间的差距
   - 期末流动资产总额为500,000，期末流动负债总额为330,000，这意味着公司有足够的流动资产来支付当前的流动负债，但仍需谨慎管理，以确保资金充足。
2. 存货价值下降
   - 存货期末余额为150,000，期初余额为160,000。存货的价值下降可能表明公司难以销售产品或可能存在过度进货的风险。
3. 长期借款增加
   - 长期借款从去年同期的180,000增加到本期的200,000，这可能意味着公司正在增加债务负担。这需要监控以确保还款能力。
4. 净利润波动
   - 虽然公司的净利润从去年同期的112,000增加到本期的120,000，但仍存在波动。公司需要稳定其盈利能力，以确保可持续经营。
5. 营业费用增加
   - 营业费用从去年同期的130,000增加到本期的150,000，这可能表明公司在经营方面面临了一些额外的成本压力。需要仔细控制成本。
6. 税前利润增加
   - 税前利润从去年同期的140,000增加到本期的150,000，这是一个积极的迹象，但公司需要继续关注税前利润的增长，以确保财务稳定。
7. 股东权益增加
   - 股东权益从去年同期的400,000增加到本期的470,000，这是一个正面信号，表明公司的净资产增长。但仍需谨慎管理股东权益。

总的来说，公司面临的主要风险包括存货价值下降、长期借款增加和营业费用上升。公司应密切监测这些风险并采取适当的措施来减轻潜在的财务风险。以下是表格形式的总结：

财务风险	风险因素	建议措施
流动资产与流动负债差距	流动资产 > 流动负债	确保维持足够的流动资金
存货价值下降	存货价值下降	优化库存管理，减少滞销产品
长期借款增加	长期借款增加	监控债务负担，确保还款能力
净利润波动	净利润波动	寻求增加盈利能力的机会
营业费用增加	营业费用增加	严格控制成本

图11-4　ChatGPT分析金融数据示例

用户在向 ChatGPT 寻求金融数据分析帮助时，赋予 ChatGPT 金融数据分析师的身份，能够加强 ChatGPT 处理金融数据的能力，且用户应确保提供给 ChatGPT 的金融数据是真实、准确的，这样能够保证 ChatGPT 给出的答案是有效的。

049 投资建议范例

当用户有理财、投资方面的困惑时，可以向 ChatGPT 寻求帮助，让 ChatGPT 充当金融专家，调动专业的金融知识来为用户解答。

用户运用 ChatGPT 生成投资建议时可以采用以下指令模板进行提问。

假设你是一名×××（金融方面的专家），擅长×××（能力）。现在需要你帮我解答一些金融方面的疑惑，我的问题是×××（具体的疑惑）。

采用指令模板让 ChatGPT 生成投资建议的示例如图 11-5 所示。

假设你是一名投资专家，擅长资产配置与理财分析。现在需要你帮我解答一些金融方面的疑惑，我的问题是普通个人应当如何配置自己的资产来达到最大效益？

资产配置是一个关键的投资决策，它可以帮助您平衡风险和回报，以实现最大的投资效益。以下是一些一般性的建议，但请注意，每个人的财务目标、风险承受能力和时间表都不同，因此您的具体配置可能会因个人情况而异。在进行资产配置前，建议您咨询专业的金融顾问，以便根据您的具体情况制定最合适的策略。

1. 确定财务目标
   • 首先，明确您的财务目标，包括短期目标（如购买房屋、支付子女教育费用）和长期目标（如退休储蓄）。
2. 确定风险承受能力
   • 了解您对风险的承受能力。不同的人对风险有不同的容忍度，这将影响您的资产配置选择。如果您不能容忍大幅度的损失，您可能更倾向于较低风险的投资。
3. 分散投资风险
   • 不要把所有鸡蛋放在一个篮子里。通过将资金分散投资于不同资产类别（如股票、债券、房地产、现金等）来降低风险。这有助于平衡不同资产类别的市场波动。
4. 考虑长期投资
   • 长期投资通常能获得更高的回报。如果您的目标允许，考虑长期投资，并在投资组合中保持一定比例的股票。
5. 定期重新平衡
   • 定期检查和重新平衡您的投资组合，以确保它仍然符合您的目标和风险承受能力。市场波动可能导致投资组合偏离原始分配。
6. 考虑税务因素
   • 了解不同投资带来的税务后果，并尽量最小化税务负担。例如，退休账户可能有税收优惠，可用于长期储蓄。
7. 投资教育
   • 不断学习关于投资和金融的知识，以更好地理解您的投资选择。教育有助于您做出明智的决策。
8. 紧急储备
   • 在进行投资之前，确保您有足够的紧急储备金用于不时之需，以避免不必要的财务压力。

最后，要记住，资产配置是一个动态过程，需要随着时间和情况的变化而调整。定期评估您的财务状况和投资组合，以确保它们仍然与您的目标相一致。与专业金融顾问合作可以帮助您更好地制定和实施资产配置策略。

图11-5 ChatGPT生成投资建议示例

用户还可以让 ChatGPT 充当资深的投资人，对某个公司从财务状况、行业状况、公司估值等方面进行分析并生成投资分析报告，作为投资公司的决策参考。

050／防风控建议范例

ChatGPT 还可以为用户提供反欺诈风控建议，如为用户提供防网贷诈骗、电信诈骗等反欺诈建议。

用户运用 ChatGPT 生成防风控建议时可以采用以下指令模板进行提问。

模板❶：×××（信用卡、网贷等）被风控的情形有哪些？

模板❷：防止 ×××（信用卡、网贷等）被风控有哪些好的方法？

采用指令模板让 ChatGPT 给出防风控建议的示例如图 11-6、图 11-7 所示。

信用卡被风控的情形有哪些？

信用卡被风控（credit card risk management）是银行和信用卡发卡机构为了降低风险而采取的一种措施，以确保持卡人的信用卡账户安全，防止信用卡欺诈和不良账户。以下是一些可能导致信用卡被风控的情形：

1. 大额消费或不寻常的交易：突然的大额消费、频繁的跨国交易、大额现金提取或其他异常交易可能引起风险警报。

2. 超过信用额度：如果您超过信用卡额度，可能触发风险管理系统，因为这会增加信用风险。

3. 过期的信用卡信息：如果信用卡过期或失效，银行可能会临时停用卡片，以防止欺诈。

4. 异地使用信用卡：如果您在非常不同于您通常使用信用卡的地点进行交易，银行可能认为这是不寻常的活动，从而触发风控。

5. 不寻常的购物习惯：如果您开始购买与您过去购习惯不符的商品或服务，这也可能引发警报。

6. 多次失败的支付尝试：如果多次支付尝试失败，可能会被视为潜在的欺诈行为。

7. 持卡人报告的丢失或盗用：如果您报告信用卡丢失或被盗用，银行可能会暂时冻结卡片，以防止不良交易。

8. 收入不匹配：如果您在信用卡申请中提供的收入信息与您的消费习惯不匹配，可能会引起银行的怀疑。

9. 不良信用历史：如果您在过去有不良的信用历史，银行可能会对您的信用卡活动更加谨慎。

10. 高风险地区交易：一些地区被认为有更高的欺诈风险，因此与这些地区的交易可能会受到更严格的监控。

需要注意的是，银行通常会采取这些措施来保护持卡人的账户安全，但有时也可能出现误报，导致合法交易被拒绝。如果您的信用卡出现问题，最好与发卡银行或信用卡公司联系，以解决问题。

图11-6　ChatGPT给出防风控建议示例（1）

防止信用卡被风控有哪些好的方法?

防止信用卡被风控是重要的,因为信用卡公司会定期监测交易以检测可能的欺诈活动。以下是一些方法,可以帮助您降低信用卡被风控的风险:

1. **及时更新个人信息**:确保您的信用卡公司始终拥有您最新的联系信息,包括电话号码、电子邮件地址和邮寄地址。这将有助于他们与您联系以确认可疑交易。
2. **合理使用信用卡**:不要突然改变您的消费习惯或大幅度增加信用卡的使用频率。这种突然的变化可能会引起警报,被认为是潜在的欺诈行为。
3. **提前告知信用卡公司**:如果您计划在国际旅行中使用信用卡,特别是在不同的国家或地区,请提前通知信用卡公司,以免他们将您的卡片冻结以防欺诈。
4. **小心大额交易**:大额的、不同寻常的交易可能引起注意。如果您计划进行大额购物或支付,请提前通知信用卡公司,以确保交易不被拒绝。
5. **监控您的账户**:定期查看信用卡账单,以及时发现并报告任何不明确的或不正常的交易。许多信用卡公司提供手机应用程序,可让您随时监控账户活动。
6. **使用安全的网络连接**:在进行在线购物或进行信用卡交易时,确保您连接到安全的Wi-Fi网络或使用虚拟专用网络来保护您的个人信息。
7. **定期更改密码**:定期更改信用卡账户的登录密码,并确保密码强度足够高,以防止未经授权的访问。
8. **谨慎分享个人信息**:不要轻易分享信用卡信息、个人识别信息或密码,尤其是在不信任的网站或应用程序上。
9. **注意钓鱼邮件和诈骗电话**:小心处理未知来源的电子邮件、短信和电话,以防止泄露信用卡信息。

图11-7　ChatGPT给出防风控建议示例(2)

第 12 章 企业管理指令与范例

在企业管理中，ChatGPT 能够给出管理制度和培训指导，提供成本管控和预防风险建议，为企业管理者出谋划策、减轻工作负担。本章将介绍使用 ChatGPT 协助企业管理的指令与范例。

051 指令应用步骤

对于大部分企业来说，产品质量是第一生产力，而产品质量需要在生产环节严格把关，因此企业管理的重要环节应该是产品的生产管理。一般来说，企业为了规范产品的生产管理会制定严格的规章制度，并由专门负责生产的工作人员来执行这些制度。而 ChatGPT 则可以帮助企业生产与产品相关的生产规章制度为企业的生产管理提供指导。

本节将以让 ChatGPT 生成生产规章制度为例来详细介绍 ChatGPT 协助企业管理的操作步骤。

STEP 01 赋予身份，建立认知：在 ChatGPT 输入框中输入指令，如"请你充当生产安全专家，提供食品安全生产质量标准和安全管理的指导"，然后按 Enter 键确认，ChatGPT 即会给出安全生产方面的指导，如图 12-1 所示。

食品安全生产是确保消费者食品安全的关键要素之一。为了确保食品安全，需要遵循一系列质量标准和安全管理措施。以下是一些重要的指导原则：

1. **法律法规遵从**：首先，了解并遵守当地、国家和国际食品安全法规和法律要求。确保你的生产过程符合所有相关法规，包括食品安全法、卫生法、标签法等。

2. **食品质量标准**：确保生产的食品符合高质量标准。这包括食品的外观、口感、气味和营养成分等方面的要求。制定内部标准并定期检查以确保合格性。

3. **原材料选择**：选择高质量、安全的原材料，并确保供应商符合食品安全标准。定期审查供应链以确保原材料的可追溯性。

4. **生产工艺控制**：实施严格的生产工艺控制，确保食品在制造过程中的安全性和卫生条件。这包括卫生标准、操作程序和清洁程序的执行。

5. **卫生控制**：维护清洁的生产环境，定期进行清洁和消毒，以防止交叉污染。员工应接受卫生培训，遵守卫生标准。

6. **产品追溯性**：建立良好的追溯系统，以便在发生问题时能够迅速回溯到产品的来源和分销途径。这有助于召回食品并避免潜在的风险。

7. **检验和测试**：定期对产品进行检验和测试，以确保其安全性和质量。这可能包括微生物检测、化学成分分析和物理性质测试。

8. **员工培训**：培训员工，使其了解食品安全原则和最佳实践。员工应知道如何正确处理食品、维护卫生和应对紧急情况。

9. **危机管理**：制订危机管理计划，以应对可能的食品安全事件。这包括召回计划、危机沟通和与监管机构的合作。

10. **持续改进**：不断寻求改进生产过程和食品安全措施。定期审查和更新食品安全政策和程序，以适应新的挑战和机会。

11. **食品标签**：遵循食品标签法规，确保产品标签准确反映产品成分、营养信息和安全警告。这有助于消费者明智地选择食品。

图12-1 ChatGPT给出的安全生产方面的指导

STEP 02 确定主题，生成规章：在输入框中继续输入指令，如"请以食品安全为目的，结合法规和食品安全标准，为一家生产月饼产品的企业撰写一份月饼产品安全生产管理规章"，然后按 Enter 键确认，ChatGPT 即会生成相应产品的生产管理规章，如

图 12-2 所示。

 以下是一份月饼产品安全生产管理规章的示例,结合了法规和食品安全标准。请注意,这是一个通用的指导,你可以根据你的企业和产品的具体情况进行调整和扩展。

月饼产品安全生产管理规章

第一章:总则

第一条:目的和适用范围
1.1 本规章的目的是确保月饼产品的生产过程符合法规和食品安全标准,保障消费者的食品安全。

1.2 本规章适用于生产月饼产品的所有员工,包括管理人员、生产人员和维护人员。

第二章:生产前的准备

第二条:原材料采购
2.1 选择高质量、安全的原材料供应商,确保供应商符合所有法规要求。

2.2 原材料应具备合规的质量和安全认证,并进行适当的检验和测试。

第三章:生产工艺控制

第三条:卫生和清洁
3.1 生产区域应保持干净和卫生。定期进行清洁和消毒,特别是与食品接触的设备和表面。

3.2 员工应遵循卫生规定,包括洗手、穿戴适当的工作服和头套。

第四章:产品安全

第四条:食品安全标准
4.1 月饼产品应符合所有国家和地区的食品安全标准和法规。

4.2 产品应遵循正确的工艺,确保无有害物质的存在。

第五章:生产记录和追溯性

第五条:生产记录
5.1 记录月饼生产的关键参数,包括生产日期、原材料批次、生产工艺、包装日期等信息。

第六条:追溯性
6.1 建立有效的追溯系统,能够迅速回溯到原材料的来源和月饼产品的分销途径,以便在紧急情况下采取必要的行动。

第六章:员工培训和卫生意识

第七条:培训
7.1 为所有员工提供适当的食品安全培训,包括卫生规程、原材料处理、危机管理等方面的知识。

7.2 定期进行培训更新,确保员工了解最新的食品安全标准和最佳实践。

第八章:危机管理和召回

第八条:危机管理计划
8.1 制订危机管理计划,包括食品召回计划、危机沟通策略和与监管机构的合作计划。

图12-2　ChatGPT生成的相应产品的生产管理规章

第九章：持续改进

第九条：改进程序

9.1 定期审查和改进食品安全政策和程序，以适应新的挑战和机会。

9.2 收集并考虑消费者反馈，以改进产品质量和安全性。

第十章：食品标签

第十条：产品标签

10.1 遵循食品标签法规，确保产品标签准确反映产品成分、营养信息和安全警告。

第十一章：监督和审查

第十一条：内部审查

11.1 定期进行内部审查，以验证食品安全措施的执行情况并纠正违规行为。

11.2 配合监管机构的检查和审查，提供所需的信息和协助。

第十二章：违规行为和处罚

第十二条：违规行为

12.1 严禁任何形式的违规行为，包括质量欺诈、卫生违规和法规不遵守。

第十三章：生产停产和召回

第十三条：生产停产和召回

13.1 在发现食品安全问题时，立即停产受影响产品，并按照召回计划采取必要措施，以确保消费者的安全。

第十四章：附则

第十四条：规章修订

14.1 本规章将根据法规的变化和食品安全标准的更新进行修订。

第十五章：执行

15.1 所有员工都有责任执行本规章的规定。

第十六章：生效日期

16.1 本规章自颁布之日起生效。

图12-2　ChatGPT生成的相应产品的生产管理规章（续）

在上述示例中，首先询问 ChatGPT 一些生产质量标准和安全管理的指导建议，可以让 ChatGPT 建立对话前提，为生成规章制度做足准备。用户在获得 ChatGPT 生成的生产管理规章之后，应根据企业的实际情况进行调整。

052 管理制度范例

在企业管理中，制定合理的管理制度是提升管理效果的有效途径。管理制度一方面能够帮助企业约束员工的行为、激励员工发挥主观能动性和积极性，另一方面能够提高企业的管理水平、完善管理体系，促进企业管理更加规范、有序和高效。在 ChatGPT 的帮助下，企业能够制定出全面、完善的管理制度。

用户运用 ChatGPT 生成管理制度时可以采用以下指令模板进行提问。

请你充当企业的行政部门人员，协助×××公司起草一份有助于管理公司的规章制度

采用指令模板让 ChatGPT 生成管理制度的示例如图 12-3 所示。

用户让 ChatGPT 充当企业的行政部门人员来起草管理制度，一方面要符合规章制度的制定规则，另一方面能够确保规章制度的严谨性和有效性。需要注意的是，用户应在指令中说明公司的经营类型，以确保规章制度中的相关条款是可执行的。

 请你充当企业的行政部门人员，协助月饼生产公司起草一份有助于管理公司的规章制度

 当制定一份有助于管理月饼生产公司的规章制度时，需要考虑多个方面，包括员工行为准则、安全规定、生产流程、质量控制等方面。以下是一份初步的规章制度草案，您可以根据公司的具体需求和情况进行修改和完善。

月饼生产公司规章制度

第一章：总则

第一条：目的与适用范围

1. 为了确保月饼生产公司的顺利运营和管理，制定本规章制度。
2. 本规章制度适用于月饼生产公司的所有员工和相关合作伙伴。

第二章：员工行为准则

第二条：员工权利与义务

1. 员工应遵守公司的规章制度和相关政策。
2. 员工应保守公司机密，不得泄露公司的商业信息。
3. 员工应恪守职业道德，遵守公司的工作纪律。
4. 员工应积极参与培训和继续教育，提高职业技能。
5. 员工应合作、尊重同事，维护公司的团队精神。

第三条：员工安全与健康

1. 员工应遵守公司的安全规定，确保自己和他人的安全。
2. 员工应正确使用个人防护装备，遵循安全操作流程。
3. 员工应及时报告任何安全事故或危险情况。
4. 公司将提供必要的培训和设备，以确保员工的安全和健康。

图12-3　ChatGPT生成管理制度示例

第三章：生产流程和质量控制

第四条：生产流程

1. 员工应遵循公司的生产流程，确保产品的质量和卫生。
2. 员工应按照指定的时间表完成生产任务。
3. 员工应注意原材料的使用和库存管理。

第五条：质量控制

1. 员工应定期检查产品，确保符合公司的质量标准。
2. 员工应立即报告任何质量问题或缺陷。
3. 公司将制定质量控制程序，确保产品质量。

第四章：纪律与处罚

第六条：纪律与处罚

1. 违反公司规章制度的员工将受到纪律处分，包括口头警告、书面警告、停职、解雇等。
2. 纪律处分将根据违规情节的严重程度和频率来决定。

第七条：申诉与处理

1. 员工有权提出申诉，公司将尽快进行处理。
2. 公司将建立申诉处理程序，确保公平和透明。

第五章：附则

第八条：规章制度的修改和解释

1. 公司有权随时修改本规章制度，并通知所有员工。
2. 对于规章制度的解释权归公司所有。

第九条：生效日期

本规章制度自发布之日起生效。

图12-3　ChatGPT生成管理制度示例（续）

053 培训手册范例

　　大多数企业作为一个团体组织，都会有自己的企业文化、发展规划和行事准则等，以确保企业能够稳定、持久地发展下去。因此，企业会以培训手册的形式对员工进行培训，以传递企业文化，鼓舞员工的工作积极性。运用 ChatGPT，企业能够获得比较全面、有针对性的培训手册。

用户运用 ChatGPT 生成培训手册时可以采用以下指令模板进行提问。

请你充当企业的人力资源部门经理，根据×××（企业的经营类型）公司的岗位职责、项目特征、战略目标等生成一份员工培训手册

采用指令模板让 ChatGPT 生成培训手册的示例如图 12-4 所示。

 请你充当企业的人力资源部门经理，根据游戏公司的岗位职责、项目特征、战略目标等生成一份员工培训手册

 当然可以！以下是一份游戏公司员工培训手册的示例。请注意，这只是一个示例，实际手册应根据您的公司的特定需求进行定制。

游戏公司员工培训手册

欢迎来到我们的游戏公司！

公司简介

我们是一家创新的游戏开发公司，致力于创建世界级的游戏体验。我们的使命是通过创意、协作和卓越的技术为玩家提供乐趣、挑战和沉浸式的游戏。

我们的价值观

- **创新**: 我们鼓励创造性思维和勇于尝试新想法。
- **协作**: 团队合作是我们成功的关键，我们欢迎不同背景和技能的人加入我们的团队。
- **质量**: 我们追求卓越，始终追求高品质的游戏。
- **乐趣**: 我们相信游戏应该是有趣的，因此我们在工作中也注重乐趣。

岗位职责

游戏开发人员

- **职责概述**: 游戏开发人员负责设计、开发和维护游戏代码，确保游戏的顺利运行和用户体验。
- **主要职责**:
  - 编写高质量的游戏代码，包括游戏逻辑、图形和音频。
  - 参与游戏设计和功能规划。
  - 与团队成员密切合作，解决技术问题和优化游戏性能。
  - 参与测试和故障排除，确保游戏的稳定性。

游戏设计师

- **职责概述**: 游戏设计师负责创建游戏的概念、玩法和关卡设计，以提供引人入胜的游戏体验。
- **主要职责**:
  - 创造游戏的故事情节、角色和世界观。
  - 设计游戏关卡、任务和游戏机制。
  - 与艺术团队协作，确保游戏的视觉和玩法一致性。
  - 分析用户反馈，不断改进游戏设计。

图12-4　ChatGPT生成培训手册示例

艺术设计师

- **职责概述**:艺术设计师负责创建游戏的视觉元素，包括角色、场景、动画和特效。
- **主要职责**:
  - 创作游戏中的艺术资产，确保其质量和风格与游戏一致。
  - 参与角色和场景设计，为游戏增添独特的视觉吸引力。
  - 协助制作游戏宣传资料和广告素材。

项目特征

敏捷开发

我们采用敏捷开发方法，以快速响应市场需求并不断改进我们的游戏。在这种环境下，团队合作和快速适应能力至关重要。

创新性项目

我们鼓励创新，鼓励团队成员提出新的游戏理念和概念。我们相信每个人都有潜力为游戏产业带来新的想法和突破。

战略目标

我们的战略目标是成为游戏行业的领先者，提供卓越的游戏体验并扩大我们的全球受众。为实现这些目标，我们致力于:

- 不断提高游戏质量和用户满意度。
- 拓展市场份额，推出新游戏并进入新市场。
- 培养和发展我们的员工，以确保团队的技能和创造力达到最高水平。

培训计划

我们提供全面的培训计划，以帮助您在公司取得成功。培训内容包括但不限于:

- 技术培训:根据您的岗位，我们将提供相关的技术培训，以帮助您在游戏开发中表现出色。
- 创新和创意培训:我们鼓励创造性思维，会提供培训以帮助您提出创新的游戏理念。
- 团队合作培训:我们认为团队合作至关重要，将提供培训以帮助您更好地与团队协作。
- 项目管理培训:对于一些职位，项目管理技能至关重要，我们将提供相关培训。

结束语

欢迎加入我们的团队！我们相信您将在这里蓬勃发展，并与我们一起创造令人兴奋的游戏体验。如果您有任何问题或需要进一步的信息，不要犹豫与人力资源部门联系。

祝您在我们的游戏公司取得成功！

图12-4　ChatGPT生成培训手册示例（续）

以上示例是在未提供企业信息的情形下获得的培训手册，实际上，每个企业都有各自独特的文化价值、战略目标与岗位要求，因此用户在正式提问时，可以在指令中加入企业的信息，让 ChatGPT 生成实际有效的培训手册。

054 / 成本管控范例

　　成本管控是企业管理中一个重要的项目，影响企业实现战略目标和长期发展。在 ChatGPT 的帮助下，企业能够有序、科学地进行成本管控，如根据部门的实际情况，制定全面的预算管理计划等。

　　用户运用 ChatGPT 协助成本管控时可以采用以下指令模板进行提问。

　　请你充当财务部门经理，根据以下信息制定一份×××（公司项目）预算计划，以表格的形式呈现

　　信息如下：×××

　　采用指令模板让 ChatGPT 协助成本管控的示例如图 12-5 所示。

请你充当财务部门经理，根据以下信息制定一份公司福利发放预算计划，以表格的形式呈现
信息如下：
XXX公司总人数为150人，包括设计部门20人、动画部门25人、程序开发部门30人、测试部门15人、营销部门25人、客服部门20人和管理部门15人。公司原定福利有每周一次下午茶、节日礼品、生日福利、交通福利和年度健康体检，总预算为30,000元。
预算计划应结合福利的比重和秉持公平原则来制订。

以下是基于给定信息的公司福利发放预算计划，以表格形式呈现：

部门	人数	预算比重	预算金额（元）
设计部门	20	未定	未定
动画部门	25	未定	未定
程序开发部门	30	未定	未定
测试部门	15	未定	未定
营销部门	25	未定	未定
客服部门	20	未定	未定
管理部门	15	未定	未定
总计	150	100%	30,000

在制订预算计划时，首先需要确定各个福利项目的比重，以便根据各部门的人数来分配预算。然后，根据比重来计算每个部门的福利预算。

假设我们将各项福利的比重分配如下：

· 每周一次下午茶：10%

· 节日礼品：20%

· 生日福利：15%

· 交通福利：25%

· 年度健康体检：30%

图12-5　ChatGPT协助成本管控示例

现在，我们可以计算每个福利项目的预算金额：

1. 每周一次下午茶：10% * 30,000元 = 3,000元
2. 节日礼品：20% * 30,000元 = 6,000元
3. 生日福利：15% * 30,000元 = 4,500元
4. 交通福利：25% * 30,000元 = 7,500元
5. 年度健康体检：30% * 30,000元 = 9,000元

接下来，根据各部门的人数来分配每个部门的福利预算，按照比重分配：

- 设计部门：(20 / 150) * 30,000元 = 4,000元
- 动画部门：(25 / 150) * 30,000元 = 5,000元
- 程序开发部门：(30 / 150) * 30,000元 = 6,000元
- 测试部门：(15 / 150) * 30,000元 = 3,000元
- 营销部门：(25 / 150) * 30,000元 = 5,000元
- 客服部门：(20 / 150) * 30,000元 = 4,000元
- 管理部门：(15 / 150) * 30,000元 = 3,000元

最终，各部门的福利预算计划如下：

部门	每周一次下午茶	节日礼品	生日福利	交通福利	年度健康体检	总计
设计部门	400元	800元	600元	1,000元	1,200元	4,000元
动画部门	500元	1,000元	750元	1,250元	1,500元	5,000元
程序开发部门	600元	1,200元	900元	1,500元	1,800元	6,000元
测试部门	300元	600元	450元	750元	900元	3,000元
营销部门	500元	1,000元	750元	1,250元	1,500元	5,000元
客服部门	400元	800元	600元	1,000元	1,200元	4,000元
管理部门	300元	600元	450元	750元	900元	3,000元

这个预算计划考虑了各个福利项目的比重和公司各部门的人数，以公平的方式分配了总预算。每个部门都会根据其人数获得相应的福利预算。

图12-5　ChatGPT协助成本管控示例（续）

以上示例是一种理想状态下的公司福利预算计划，福利发放需结合预算金额、福利项目和部门人数的实际情况而定，因此用户要想让 ChatGPT 生成实际有效的预算计划，应在指令中提供详细、准确的信息。

055 风险防范建议范例

在企业经营的过程中，可能会面临法律法规风险、市场风险、技术风险、财务风险、业务风险、自然灾害风险、人才风险等诸多隐患，因此风险防范也是企业管理中的重

要项目，科学的企业管理能够帮助企业提高风险防范的意识。

但科学的企业管理能力和水平并非一朝一夕能够形成的，需要企业经营经验的积累，且风险具有不确定性，因此风险防范并不是一件易事。运用 ChatGPT，企业能够借助 AI 的力量获得很多风险防范的建议，从而间接地增强企业的管理能力。

用户运用 ChatGPT 生成企业风险防范建议时可以采用以下指令模板进行提问。

请你充当风险管理顾问，从不同维度为 ××× 公司提供一些风险防范的建议

采用指令模板让 ChatGPT 生成企业风险防范建议的示例如图 12-6 所示。

CH　请你充当风险管理顾问，从不同维度为餐饮公司提供一些风险防范的建议

作为一名风险管理顾问，我可以为餐饮公司提供一些风险防范的建议，从不同维度来考虑风险。餐饮业面临各种风险，包括操作风险、市场风险、法律合规风险等。以下是一些建议：

1. **卫生与食品安全风险**
   - 建立严格的食品安全标准和卫生流程，确保员工遵循这些标准。
   - 培训员工，使他们了解食品安全的重要性，并定期进行卫生培训和检查。
   - 定期检查供应链，确保供应商也符合卫生标准。

2. **食材价格波动风险**
   - 开展供应商多样化，减少对单一供应商的依赖。
   - 考虑签署长期供应合同，以稳定原材料价格。
   - 关注市场趋势，及时调整菜单和价格以应对价格波动。

3. **竞争和市场风险**
   - 进行市场研究，了解竞争对手和消费者需求的变化。
   - 制定创新的菜单，以吸引更多客户。
   - 建立强大的品牌形象，提高客户忠诚度。

4. **员工管理风险**
   - 建立良好的员工招聘和培训计划，确保员工具备必要的技能和知识。
   - 制定合理的员工福利和薪酬政策，提高员工满意度。
   - 确保员工遵守公司政策，包括卫生和食品安全政策。

5. **法律合规风险**
   - 遵守当地、国家和国际法律法规，包括食品安全法规、劳工法规等。
   - 定期审查公司合同和法律文件，确保合规性。
   - 与法律顾问合作，以解决潜在的法律问题。

6. **自然灾害和紧急情况风险**
   - 制定紧急应对计划，包括火灾、地震等自然灾害的应对措施。
   - 定期进行紧急演练，培训员工如何应对紧急情况。
   - 考虑购买适当的保险，以应对潜在的业务中断和财产损失。

7. **数据安全和网络风险**
   - 保护客户数据和公司敏感信息，加强网络安全措施。
   - 建立备份和恢复计划，以防止数据丢失。
   - 培训员工如何识别和应对网络威胁，如网络钓鱼攻击等。

图12-6　ChatGPT生成企业风险防范建议示例

8. **金融风险**
   - 管理现金流，确保有足够的资金来应对紧急情况。
   - 定期审查财务报表，监测业务的健康状况。
   - 考虑购买商业保险，以应对财产损失和责任风险。

这些建议可以帮助餐饮公司更好地管理各种潜在风险，确保业务的稳健运营。然而，具体的风险管理策略应根据公司的规模、地理位置和经营特点进行定制。同时，与专业的风险管理顾问合作也是一个明智的选择，以确保全面的风险管理。

图12-6　ChatGPT生成企业风险防范建议示例（续）

必要时，用户可以提供公司的规模、地理位置和经营特点等信息给 ChatGPT，让 ChatGPT 根据公司的特性来制定风险管理策略。同时，为防范风险，企业需要不断提高管理者的素质，优化组织结构，建立良好的企业文化，规范管理过程。

第 13 章　采购管理指令与范例

采购是以企业为主体发出的购买行为，包括制订计划、选择供应商、敲定价格、签订合同、验收货物等多个环节。企业采购不同于我们个人的日常购物，它需要慎重思考与缜密规划，而运用 ChatGPT 可以帮助采购有序进行。

056 / 指令应用步骤

　　采购人员进行采购活动的第一步是确定需要采购的物品有哪些，以制定采购清单。采购清单是采购活动发生的基础，影响后续制订采购计划、选择供应商、签订采购合同等一系列的流程。采购人员可以将所需购买的物品提供给 ChatGPT，让 ChatGPT 帮忙分类、统计并制作采购清单。

　　本节将以让 ChatGPT 生成采购清单为例，详细介绍使用 ChatGPT 协助企业采购管理的操作步骤。

　　STEP 01 赋予身份，询问建议：在 ChatGPT 输入框中输入指令，如"假设你是一名经验丰富的采购人员，请你分享一些能够快速统计采购物品的方法"，然后按 Enter 键确认，ChatGPT 即会给出快速统计采购物品的方法，如图 13-1 所示。

CH　假设你是一名经验丰富的采购人员，请你分享一些能够快速统计采购物品的方法

作为一名经验丰富的采购人员，你需要能够快速而准确地统计采购物品，以确保库存管理和采购决策的有效性。以下是一些能够帮助你快速统计采购物品的方法：

1. **使用库存管理软件**：使用专业的库存管理软件，它们通常具有强大的统计功能，能够跟踪库存数量、价值和供应商信息。
2. **条形码扫描器**：采用条形码扫描器可以快速准确地扫描物品上的条形码，自动记录物品数量和描述。
3. **Excel电子表格**：使用电子表格软件如Excel，创建一个采购清单，并在表格中列出物品的名称、数量和单价。你可以使用公式自动计算总值。
4. **批次号追踪**：如果物品有批次号或序列号，请确保记录每个批次的数量和相关信息，以便跟踪库存的来源和过期情况。
5. **分区和标签**：将库房或仓库分成不同的区域，并为每个区域分配特定的物品。使用标签或标志来识别每个物品的位置，这将有助于快速找到并统计物品。
6. **定期盘点**：进行定期的库存盘点，以确保库存记录与实际库存一致。这可以帮助及时发现潜在的问题，如盗窃或损坏。
7. **ABC分析**：根据物品的重要性对库存进行ABC分析，将物品分为A类（最重要的）、B类和C类。这可以帮助你重点关注对业务最关键的物品。
8. **供应商合同管理**：跟踪供应商合同和采购订单，确保物品的交付和质量符合合同要求。
9. **适时更新记录**：随着采购和出库的发生，及时更新库存记录，以反映实际库存水平。
10. **培训和团队合作**：确保团队成员了解如何使用库存管理系统和工具，以便协同工作，提高效率。

图13-1　ChatGPT给出的快速统计采购物品的方法

　　STEP 02 确定方法，制作清单：在输入框中继续输入指令，如"请运用电子表格的形式，将以下物品进行统计与分类，创建一个采购清单（另起一行，陈列物品）"，然后按 Enter 键确认，ChatGPT 即会归类物品并创建采购清单，如图 13-2 所示。

以下是一个采购清单的示例，使用电子表格的形式来统计和分类物品：

物品	数量	分类
黄油	10	食品
橄榄油	10	食品
鱼罐头	12	食品
荔枝罐头	2	食品
黄桃罐头	5	食品
火腿	15	食品
牛肉	15千克	食品
三文鱼柳	15千克	食品
草莓果酱	5	食品
蜂蜜果酱	5	食品
寿司海苔	10	食品
薯片	5	食品
生抽	10	食品
老抽	10	食品
耗油	5	食品
圆珠笔	100	办公用品
铅笔	50	办公用品
美工笔	10	办公用品
荧光笔	50	办公用品
笔记本	50	办公用品
签到本	10	办公用品
文件夹	20	办公用品
A4纸	500	办公用品
订书机	10	办公用品
饮水机	2	家居用品
热水壶	2	家居用品
电风扇	50	家居用品
水杯	10	家居用品

图13-2　ChatGPT归类物品并创建采购清单

用户可以通过移动鼠标，选择并复制表格内容，再粘贴至 Excel 中，修改表格样式即可整理成有美感的采购清单，作为采购的依据。用户除了提供待采购的物品名称、数量之外，还可以提供物品的规格、供应商信息、采购日期，让 ChatGPT 生成更完善的采购清单。

057 采购预算范例

采购预算是实行采购的依据，具体可以作为选择供应商、谈判商洽等环节的依据，如采购人员在与供应商进行价格商洽时，采购预算可以作为采购价格的"底牌"。运用 ChatGPT，采购人员可以合理规划采购预算，从而做出正确的采购决策。

用户运用 ChatGPT 生成采购预算时可以采用以下指令模板进行提问。

假设你是一名经验丰富的采购人员，请你根据采购经验，估算一般物价，为以下采购物品制定采购预算表

采购物品：×××

采用指令模板让 ChatGPT 生成采购预算的示例如图 13-3 所示。

 假设你是一名经验丰富的采购人员，请你根据采购经验，估算一般物价，为以下采购物品制定采购预算表
采购物品：办公桌（1.2m）10张、办公椅10张、会议桌（3.5m）1张、会议室用椅10张、布艺沙发1张、双层茶几1个、四门铁柜1个

 要制定采购预算表，您需要考虑以下几个方面：

1. 物品的种类和数量。
2. 每个物品的预计价格。
3. 预计的税金和额外费用。
4. 预计的运输和安装费用。

根据我的知识截止日期（2021年9月），以下是一些估算的价格范围，具体价格可能会因地理位置、品牌、材质和市场波动而有所不同。您应该在实际采购过程中咨询多家供应商以获取准确的报价。

假设价格（仅供参考）：

1. 办公桌（1.2m）10张：每张约1,000至2,000元。
2. 办公椅10张：每张约500至1,000元。
3. 会议桌（3.5m）1张：约3,000至5,000元。
4. 会议室用椅10张：每张约800至1,500元。
5. 布艺沙发1张：约2,000至4,000元。
6. 双层茶几1个：约800至1,500元。
7. 四门铁柜1个：约2,000至3,000元。

您还需要考虑税金和额外费用，通常为购买价格的10%～15%，以及运输和安装费用，这可能会根据供应商和您的地理位置而异。

图13-3　ChatGPT生成采购预算示例

以下是一个简单的采购预算表（估算）：

采购物品	数量	预计价格（元）	总价（元）
办公桌（1.2m）	10	1,000～2,000	10,000～20,000
办公椅	10	500～1,000	5,000～10,000
会议桌（3.5m）	1	3,000～5,000	3,000～5,000
会议室用椅	10	800～1,500	8,000～15,000
布艺沙发	1	2,000～4,000	2,000～4,000
双层茶几	1	800～1,500	800～1,500
四门铁柜	1	2,000～3,000	2,000～3,000
税金和额外费用	-	-	-
运输和安装费用	-	-	根据供应商报价
总计	-	-	**总价**

请注意，这只是估算的预算表，实际采购成本可能会有所不同。确保与供应商进行详细的商谈，并获取详细的报价和相关费用信息，以制定准确的采购预算。

图13-3　ChatGPT生成采购预算示例（续）

可以看出，ChatGPT 生成的采购预算，在考虑因素与制定思路上是完整的，但它涉及的知识面是有时间限制的，因此用户应加以辨别，必要时可以将采购当期的市场物价提供给 ChatGPT，确保 ChatGPT 生成内容的准确性和及时性。

058　采购合同范例

在采购过程中，采购人员与供应商约定好价格、确定好事宜之后，可以进入采购合同的签订环节。采购合同是采购过程中的法律凭证，能够保障采购方和供应商双方的利益。为避免采购合同条款的欠缺或出现错误，采购人员可以让 ChatGPT 帮助检查、修改采购合同。

用户运用 ChatGPT 检查修改采购合同时可以采用以下指令模板进行提问。

假设你是一名法务人员，请你运用法务知识，检查并修改以下采购合同

采购合同：×××

采用指令模板让 ChatGPT 检查并修改采购合同的示例如图 13-4 所示。

我可以帮助你检查和修改这份采购合同。请注意，我将使用占位符表示需要填写的具体信息，你需要将占位符替换为实际的信息。同时，合同的修改应根据具体的法律和业务需求进行，建议在修改前咨询专业法律顾问。

采购合同

甲方（买方）：[甲方名称]
地址：[甲方地址]
联系人：[甲方联系人]
电话：[甲方电话]

乙方（卖方）：[乙方名称]
地址：[乙方地址]
联系人：[乙方联系人]
电话：[乙方电话]

鉴于甲方需要购买以下商品，乙方同意向甲方提供该商品，双方在平等、自愿、公平的基础上，根据《中华人民共和国合同法》及相关法律法规的规定，达成如下协议：

一、合同概述
本采购合同旨在明确甲方向乙方采购商品的具体事宜，包括商品描述、价格、交货、合规及法律条款等。

二、产品描述
甲方需要向乙方采购的商品为：[商品描述]（以下简称"货物"），具体规格、数量及技术参数详见附件一。

三、价格条款

1. 价格：乙方应向甲方提供货物的价格为人民币（以下简称"元"）[价格]元/件。
2. 支付方式：甲方应在合同签订后30日内向乙方支付货款的50%作为定金，余款在收到货物并验收合格后7日内付清。
3. 折扣与优惠：乙方将在特定时间段为甲方提供折扣或优惠，具体内容详见附件二。

四、交货条款

1. 交货日期：乙方应于本合同签订后60日内将货物送达甲方指定的地址。
2. 交货地点：[交货地点]
3. 责任与风险：乙方承担货物毁损、灭失的风险，直至货物交付甲方并验收合格为止。在此期间，如因乙方原因导致货物毁损、灭失，乙方应承担相应的赔偿责任。
4. 运输方式：乙方将采用陆运方式将货物送至甲方指定的地址，运输费用由乙方承担。

五、合规条款

1. 保密协议：双方应对本合同及附件内容保密，未经对方书面同意，不得向任何第三方透露。
2. 知识产权保护：乙方应保证所提供货物不侵犯任何第三方的知识产权，如因货物侵犯第三方知识产权所致甲方损失，乙方应承担相应的赔偿责任。

图13-4　ChatGPT检查并修改采购合同示例

六、法律条款

1. 诉讼地点：如因本合同引起争议，双方应向乙方所在地人民法院提起诉讼。

2. 仲裁机构和规则：如双方在合同履行过程中发生争议，应首先友好协商解决；协商不成的，
应提交国际仲裁机构进行仲裁，并遵循相应的仲裁规则。

七、其他条款

1. 本合同未尽事宜，双方可另行签订补充协议，补充协议与本合同具有同等法律效力。

2. 本合同一式两份，甲乙双方各执一份，自双方签字（或盖章）之日起生效。

甲方（买方）：[甲方签名]

法定代表人（或授权人）：[甲方法定代表人姓名]

签字（或盖章）：_____

日期：_____

乙方（卖方）：[乙方签名]

法定代表人（或授权人）：[乙方法定代表人姓名]

签字（或盖章）：_____

日期：_____

图13-4　ChatGPT检查并修改采购合同示例（续）

059　供应商管理范例

在采购的过程中，采购人员需要时刻与供应商保持联系，以了解供应商的供货进度，及时帮助供应商解决困难，因此供应商管理也是采购中的重要环节。运用 ChatGPT，采购人员可以快速制定出供应商评估表，帮助采购人员进行供应商管理。

用户运用 ChatGPT 协助供应商管理时可以采用以下指令模板进行提问。

假设你是采购部门的经理，请从质量、成本、交货、服务、技术、资产、员工与流程等方面创建一个供应商评估表，用来管理供应商

采用指令模板让 ChatGPT 协助供应商管理的示例如图 13-5 所示。

假设你是采购部门的经理，请从质量、成本、交货、服务、技术、资产、员工与流程等方面
创建一个供应商评估表，用来管理供应商

以下是一个供应商评估表的示例，包括质量、成本、交货、服务、技术、资产、员工和流程
等方面的考虑因素。这个表格可以用来评估和管理供应商的绩效：

供应商评估表

供应商信息：

• 供应商名称：

• 联系人：

图13-5　ChatGPT协助供应商管理示例

- 联系方式：
- 供应产品/服务：
- 供应周期：（例如，每月、每季度）

质量：

- 产品/服务质量（1～10分）：
- 质量控制程序描述：
- 投诉处理流程描述：

成本：

- 价格竞争力（1～10分）：
- 价格稳定性（1～10分）：
- 额外费用（如运输费、定制费等）：

交货：

- 准时交货（1～10分）：
- 交货准确性（1～10分）：
- 缺货率（1～10分）：

服务：

- 售后服务质量（1～10分）：
- 技术支持（1～10分）：
- 反馈响应时间（1～10分）：

技术：

- 技术创新能力（1～10分）：
- 产品/服务的技术先进性（1～10分）：
- 技术团队资质：

资产：

- 供应商资金运转状况（1～10分）：
- 生产设备/技术更新频率（1～10分）：
- 可用库存水平（1～10分）：

员工：

- 员工培训和素质（1～10分）：
- 客户服务态度（1～10分）：
- 员工满意度（1～10分）：

图13-5　ChatGPT协助供应商管理示例（续）

流程：

- 订单处理流程（1~10分）：
- 供应链可见性（1~10分）：
- 问题解决流程（1~10分）：

总分： （加权平均以上各项分数）

评估结果：

- 建议采取的措施（例如，改进建议、奖励供应商等）：

评估日期：

这个评估表可以根据具体需要进行定制，也可以给不同的因素分配不同的权重，以反映公司的优先事项。此外，定期评估供应商并与供应商分享结果，可以帮助建立积极的合作关系，改进供应链管理，提高整体绩效。

图13-5　ChatGPT协助供应商管理示例（续）

若有必要，采购人员还可以运用 ChatGPT 核对采购订单、提供库存管理建议等，借助 AI 的力量有序完成采购任务。

第 14 章　程序开发指令与范例

　　ChatGPT 除了生成文本之外，还能生成程序代码，为程序开发人员减轻工作负担。ChatGPT 用于程序开发，可以完成编写 Python 代码、开发微信小程序和编写测试用例等任务，帮助计算机程序人员提高工作效率。

指令应用步骤

Python 是一款通用的高级编程语言，可用于开发应用、写作脚本等，在学术领域和工业领域都有涉猎。随着计算机科学研究的深入，Python 的功能也在不断地增多，稳定性也在不断加强。ChatGPT 的运用，可以帮助开发人员快速编写出 Python 代码。

本节将以让 ChatGPT 编写 Python 代码为例，介绍将 ChatGPT 用于程序开发的操作步骤。

STEP 01 赋予身份，编写代码：在 ChatGPT 输入框中输入指令，如"请你充当一个资深的编程人员，使用 Python 编写一个计时器，可以实现日程提醒、纪念日提醒、显示倒数日的功能"，然后按 Enter 键确认，ChatGPT 即会编写出 Python 代码，如图 14-1 所示。

> 当然可以！下面是一个使用Python编写的简单计时器程序，它可以实现日程提醒、纪念日提醒和显示倒数日的功能。这个程序使用了Python的Tkinter库来创建一个基本的图形用户界面（GUI）。

```python
import tkinter as tk
import time
from datetime import datetime

class TimerApp:
    def __init__(self, root):
        self.root = root
        self.root.title("计时器应用")
        self.root.geometry("400×300")

        self.schedule_label = tk.Label(root, text="请输入日程日期（格式: YYYY-MM
        self.schedule_label.pack()

        self.schedule_entry = tk.Entry(root)
        self.schedule_entry.pack()

        self.schedule_button = tk.Button(root, text="设置日程提醒", command=se
        self.schedule_button.pack()

        self.anniversary_label = tk.Label(root, text="请输入纪念日日期（格式: YY
        self.anniversary_label.pack()

        self.anniversary_entry = tk.Entry(root)
        self.anniversary_entry.pack()
```

图14-1 ChatGPT编写出的Python代码

```
        self.anniversary_button = tk.Button(root, text="设置纪念日提醒", comma
        self.anniversary_button.pack()

        self.countdown_label = tk.Label(root, text="倒数日：")
        self.countdown_label.pack()

        self.update_countdown()

    def set_schedule(self):
        schedule_date = self.schedule_entry.get()
        try:
            schedule_date = datetime.strptime(schedule_date, "%Y-%m-%d")
            self.schedule_date = schedule_date
            self.schedule_label.config(text=f"日程提醒已设置：{schedule_date.st
        except ValueError:
            self.schedule_label.config(text="日期格式无效，请使用：YYYY-MM-DD")

    def set_anniversary(self):
        anniversary_date = self.anniversary_entry.get()
        try:
            anniversary_date = datetime.strptime(anniversary_date, "%Y-%m-%d
            self.anniversary_date = anniversary_date
            self.anniversary_label.config(text=f"纪念日提醒已设置：{anniversary
        except ValueError:
            self.anniversary_label.config(text="日期格式无效，请使用：YYYY-MM-DD

    def update_countdown(self):
        current_time = datetime.now()
        if hasattr(self, 'schedule_date'):
            time_until_schedule = self.schedule_date - current_time
            schedule_countdown = f"日程提醒倒数：{time_until_schedule.days} 天
            self.schedule_label.config(text=schedule_countdown)
        if hasattr(self, 'anniversary_date'):
            time_until_anniversary = self.anniversary_date - current_time
            anniversary_countdown = f"纪念日提醒倒数：{time_until_anniversary.d
            self.anniversary_label.config(text=anniversary_countdown)
        self.root.after(1000, self.update_countdown)

if __name__ == "__main__":
    root = tk.Tk()
    app = TimerApp(root)
    root.mainloop()
```

图14-1　ChatGPT编写出的Python代码（续）

◎ **专家指点**

当 ChatGPT 的代码框中没有显示完整的文本内容时，用户可以拖曳代码框底部滑块查看没有显示的代码内容。

STEP 02 检查代码，确保效用：在输入框中继续输入指令，如"请检查以上 Python

代码,判断是否会运行报错?如果会报错,请说明原因,并输出解决方法;如果不会报错,请回答【无错误】",然后按 Enter 键确认,ChatGPT 即会按照要求检查并修改代码,如图 14-2 所示。

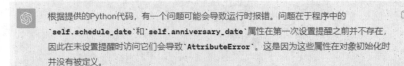

根据提供的Python代码,有一个问题可能会导致运行时报错。问题在于程序中的 `self.schedule_date` 和 `self.anniversary_date` 属性在第一次设置提醒之前并不存在,因此在未设置提醒时访问它们会导致 `AttributeError`。这是因为这些属性在对象初始化时并没有被定义。

为了解决这个问题,可以在初始化时为这些属性设置一个默认值,或者在更新倒数日信息时检查它们是否已经存在。以下是修改后的代码:

```python
import tkinter as tk
import time
from datetime import datetime

class TimerApp:
    def __init__(self, root):
        self.root = root
        self.root.title("计时器应用")
        self.root.geometry("400×300")

        self.schedule_label = tk.Label(root, text="请输入日程日期(格式:YYYY-MM
        self.schedule_label.pack()

        self.schedule_entry = tk.Entry(root)
        self.schedule_entry.pack()

        self.schedule_button = tk.Button(root, text="设置日程提醒", command=se
        self.schedule_button.pack()

        self.anniversary_label = tk.Label(root, text="请输入纪念日日期(格式:YY
        self.anniversary_label.pack()

        self.anniversary_entry = tk.Entry(root)
        self.anniversary_entry.pack()

        self.anniversary_button = tk.Button(root, text="设置纪念日提醒", comma
        self.anniversary_button.pack()

        self.countdown_label = tk.Label(root, text="倒数日:")
        self.countdown_label.pack()

        self.schedule_date = None  # 默认值为None
        self.anniversary_date = None  # 默认值为None

        self.update_countdown()
```

图14-2 ChatGPT按照要求检查并修改代码

```python
    def set_schedule(self):
        schedule_date = self.schedule_entry.get()
        try:
            schedule_date = datetime.strptime(schedule_date, "%Y-%m-%d")
            self.schedule_date = schedule_date
            self.schedule_label.config(text=f"日程提醒已设置：{schedule_date.s
        except ValueError:
            self.schedule_label.config(text="日期格式无效，请使用：YYYY-MM-DD")

    def set_anniversary(self):
        anniversary_date = self.anniversary_entry.get()
        try:
            anniversary_date = datetime.strptime(anniversary_date, "%Y-%m-%d
            self.anniversary_date = anniversary_date
            self.anniversary_label.config(text=f"纪念日提醒已设置：{anniversary
        except ValueError:
            self.anniversary_label.config(text="日期格式无效，请使用：YYYY-MM-DD

    def update_countdown(self):
        current_time = datetime.now()
        if self.schedule_date is not None:
            time_until_schedule = self.schedule_date - current_time
            schedule_countdown = f"日程提醒倒数：{time_until_schedule.days} 天
            self.schedule_label.config(text=schedule_countdown)
        if self.anniversary_date is not None:
            time_until_anniversary = self.anniversary_date - current_time
            anniversary_countdown = f"纪念日提醒倒数：{time_until_anniversary.c
            self.anniversary_label.config(text=anniversary_countdown)
        self.root.after(1000, self.update_countdown)


if __name__ == "__main__":
    root = tk.Tk()
    app = TimerApp(root)
    root.mainloop()
```

通过这些修改，程序将在初始化时为 `self.schedule_date` 和 `self.anniversary_date` 设置默认值为 `None`，并在更新倒数日信息时检查它们是否已经设置，从而避免了潜在的 `AttributeError` 报错。

图14-2　ChatGPT按照要求检查并修改代码（续）

在上述示例中，赋予 ChatGPT 资深编程人员的身份，可以让 ChatGPT 在编写代码时更为专业、严谨；让 ChatGPT 对 Python 代码进行检查并修改，可以确保 Python 代码在运行时是有效的。

061 / 微信小程序范例

微信小程序是比应用程序、网页等更为便捷的服务端口，它具有开发成本低、页面简单、可承载多项服务等特点,深受商家和消费者的喜爱。当明确了主题和目的之后,用户便可以让 ChatGPT 编写微信小程序的代码。

用户运用 ChatGPT 编写微信小程序的代码时可以采用以下指令模板进行提问。

请你充当一个微信小程序开发者,使用微信小程序原生开发,编写一个×××页面,要求:创建一个包含 wxml、js、wxss 和 json 文件的微信小程序页面,并在其中实现一个×××页面;视图中显示的文本应为中文

◎ **专家指点**

wxml、js、wxss 和 json 文件是构成微信小程序的四种文件类型,其中,wxml 文件用于构建网页;js 文件用于与用户交互,如响应用户的点击、获取用户的位置等;wxss 文件用于美化页面;json 文件用于设置小程序的配置,如小程序的页面注册、网络设置以及小程序的背景颜色等。

采用指令模板让 ChatGPT 编写微信小程序的代码示例如图 14-3 所示。

图14-3　ChatGPT编写开发微信小程序的代码示例

2. 编写 `we-go.js`：

```javascript
Page({
  data: {
    grid: new Array(19 * 19).fill(''), // 初始化一个19x19的棋盘，用于表示每个格子的
    currentPlayer: 'black', // 当前下棋的玩家，初始为黑棋
  },

  // 处理点击格子的事件
  placeStone(event) {
    const index = event.currentTarget.dataset.index;
    const grid = this.data.grid;

    if (grid[index] === '') {
      // 如果当前格子为空，可以放置棋子
      grid[index] = this.data.currentPlayer;
      this.setData({ grid });

      // 切换玩家
      this.setData({ currentPlayer: this.data.currentPlayer === 'black' ? 'w
    }
  },

  // 处理重新开始游戏的事件
  resetGame() {
    this.setData({ grid: new Array(19 * 19).fill(''), currentPlayer: 'black'
  },
});
```

3. 编写 `we-go.wxss`（这里只是一个简单的样式，您可以根据需求进行美化）：

```css
.container {
  display: flex;
  flex-direction: column;
  align-items: center;
  margin-top: 20px;
}
```

图14-3 ChatGPT编写开发微信小程序的代码示例（续）

```css
.board {
  display: grid;
  grid-template-columns: repeat(19, 30px);
  grid-template-rows: repeat(19, 30px);
  gap: 1px;
  background-color: #eede9a;
  border: 1px solid #333;
}

.grid {
  display: flex;
  justify-content: center;
  align-items: center;
  background-color: #eede9a;
  cursor: pointer;
}

.stone {
  width: 28px;
  height: 28px;
}

.reset-btn {
  margin-top: 20px;
  padding: 10px 20px;
  background-color: #333;
  color: white;
  border: none;
  border-radius: 5px;
  cursor: pointer;
}
```

4. 编写 `we-go.json`:

```json
{
    "navigationBarTitleText": "微信围棋游戏"
}
```

1. 在项目中创建一个 `images` 文件夹, 将黑白棋子的图片分别命名为 `black-stone.png` 和 `white-stone.png`, 并放置在该文件夹下。

2. 在微信开发者工具中导入项目, 然后运行您的小程序项目, 即可在模拟器或手机上看到简单的微信围棋游戏界面。

图14-3　ChatGPT编写开发微信小程序的代码示例（续）

　　以上示例是 ChatGPT 生成的较为简单的微信小程序代码，若有需要，用户还可以添加其他的功能，如胜负判断、悔棋功能、计分等，让 ChatGPT 进一步改进代码。

测试用例（test case）是指对一项特定的软件产品进行测试任务的描述，其目的简而言之就是测试某一个开发出来的软件或功能是否可行。运用 ChatGPT 可以帮助计算机工作人员全面、高效地测试程序，防止出现漏测、错测等问题。

用户运用 ChatGPT 编写测试用例可以采用以下指令模板进行提问。

请你充当一名测试工程师，针对×××（软件或功能），从性能、安全性、兼容性等方面设计测试用例

采用指令模板让 ChatGPT 编写测试用例示例如图 14-4 所示。

请你充当一名测试工程师，针对小红书的点赞功能，从性能、安全性、兼容性等方面设计测试用例

当测试小红书的点赞功能时，可以从性能、安全性、兼容性等方面设计测试用例。以下是一些测试用例示例，您可以根据具体需求进行扩展和适应：

性能测试用例：

1. **负载测试：** 测试点赞功能在大量用户同时使用时的性能表现。逐渐增加并发点赞的用户数量，观察服务器响应时间和系统资源占用情况。
2. **响应时间测试：** 测试单个点赞操作的平均响应时间和最大响应时间，确保点赞操作不会导致过长的等待时间。
3. **资源消耗测试：** 检查点赞操作是否占用了不合理的内存或CPU资源，以避免性能问题。
4. **大数据量测试：** 在拥有大量点赞的帖子或内容上执行点赞操作，确保系统能够处理大数据量而不会崩溃或变得缓慢。

安全性测试用例：

1. **授权测试：** 测试在未登录或未授权的情况下是否可以点赞内容。
2. **SQL注入测试：** 尝试在点赞评论中插入恶意SQL语句，以确保系统能够防止SQL注入攻击。
3. **跨站脚本（XSS）测试：** 尝试在点赞评论中插入恶意脚本，以确保系统能够防止XSS攻击。
4. **越权测试：** 测试是否可以点赞其他用户的私有内容，以确保权限正确实施。

兼容性测试用例：

1. **浏览器兼容性：** 测试点赞功能在不同的主流浏览器上的表现。
2. **移动设备兼容性：** 测试点赞功能在不同操作系统和设备上的表现，包括各种屏幕尺寸和分辨率。
3. **网络兼容性：** 测试点赞功能在不同网络条件下的性能，包括高速和低速网络，以及断开连接和恢复连接的情况。
4. **多语言兼容性：** 测试点赞功能是否支持不同语言环境，包括文字排列、字符集等。

图14-4　ChatGPT编写测试用例示例

◎ 专家指点

　　SQL 是 structured query language 的简称，中文翻译为结构化查询语言，主要用于程序设计和开发。XSS 是 cross site scripting 的简称，中文翻译为跨站脚本，属于应用程序中的安全漏洞之一。

　　通过发出指令，用户还可以让 ChatGPT 编写正则表达式、变换编程语言、改写代码、充当计算机专家解答疑惑等。

第 15 章　数学推理指令与范例

　　ChatGPT 能够基于上下文来生成回复，其不仅能够与人类进行连续性对话，而且能够解答一部分的逻辑问题。在数学推理方面，ChatGPT 能够进行逻辑推理、解答数学应用题，以及生成剧本杀剧本。

063 / 指令应用步骤

虽然逻辑推理是人类特有的能力，但 ChatGPT 在经过大量的数据学习之后，可以通过概率模拟出这种能力，解答一部分的逻辑推理题。

本节将以让 ChatGPT 解答逻辑推理题为例，介绍将 ChatGPT 用于数学推理的操作步骤。

STEP 01 直接提出问题：在 ChatGPT 输入框中输入指令，如"在一个夏令营中，三个孩子 A、B、C 分别住在三个不同的帐篷里。其中一个是红色的，一个是蓝色的，一个是白色的。已知 A 不喜欢红色，且不住在蓝色帐篷里；B 不喜欢蓝色；C 不喜欢白色，问他们各自住在哪个帐篷里？请你运用逻辑思维，对这个问题进行回答"，然后按 Enter 键确认，ChatGPT 即会提供问题的答案，如图 15-1 所示。

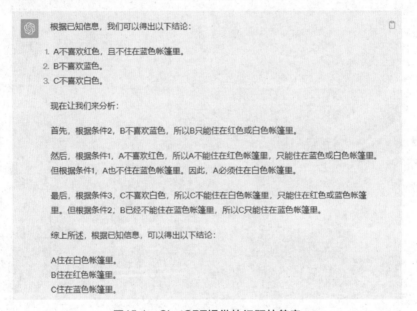

图15-1　ChatGPT提供的问题的答案

STEP 02 引导检查答案：在输入框中继续输入指令，如"请运用代入的方法，验证答案是否正确"，然后按 Enter 键确认，ChatGPT 即会按照要求验证答案，如图 15-2 所示。

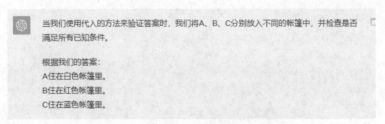

图15-2　ChatGPT按照要求验证答案

现在让我们逐一检查已知条件是否满足：

1. A不喜欢红色，且不住在蓝色帐篷里。
   - A住在白色帐篷里，所以不住在蓝色帐篷里，这个条件满足。
2. B不喜欢蓝色。
   - B住在红色帐篷里，所以不住在蓝色帐篷里，这个条件满足。
3. C不喜欢白色。
   - C住在蓝色帐篷里，所以不住在白色帐篷里，这个条件满足。

根据代入的验证，我们的答案满足所有已知条件，因此答案是正确的。

图15-2　ChatGPT按照要求验证答案（续）

用户可以直接向 ChatGPT 提出问题，让 ChatGPT 运用逻辑思维来回答即可。但需要注意的是，ChatGPT 只是人工智能模型，解答逻辑题的能力是经过大量模型训练的结果，并非真正具备了逻辑思维，因此对于复杂的逻辑题，ChatGPT 可能会解答错误。

064　数学应用题范例

在数学领域中，常见的、难解的题型是应用题，当用户被数学应用题困扰时，可以运用 ChatGPT 轻松地进行解答。

用户运用 ChatGPT 解答数学应用题时可以采用以下指令模板进行提问。

请解答以下数学题：

×××

采用指令模板让 ChatGPT 解答数学应用题的示例如图 15-3 所示。

> **请解答以下数学题：**
> 在老年运动会上，刘大伯参加了长跑比赛，全程1500米，用了9.7分钟跑完，取得了第一名的好成绩，李大伯只比刘大伯多用了2分钟，李大伯跑完一千米平均需要多少分钟？

> 首先，我们知道刘大伯用了9.7分钟跑完全程1500米比赛。然后，题目告诉我们李大伯比大伯多用了2分钟。
>
> 所以，李大伯用了 9.7 + 2 = 11.7 分钟跑完全程1500米比赛。
>
> 要求李大伯跑完1000米的平均时间，我们可以使用比例来计算。我们可以将1500米的时间和1000米的时间之间建立一个比例：
>
> 1500米的时间 / 1000米的时间 = 11.7分钟 / x分钟
>
> 现在，我们可以解这个比例，求出x：
>
> (1500 / 1000) = (11.7 / x)
>
> 1.5 = 11.7 / x
>
> 现在，我们可以通过交叉相乘来解出x：
>
> 1.5x = 11.7
>
> 现在，将x分离，解出x：
>
> x = 11.7 / 1.5
>
> x = 7.8
>
> 所以，李大伯跑完1000米的平均时间是7.8分钟。

图15-3　ChatGPT解答数学应用题示例

用户在让 ChatGPT 解答数学应用题时，为确保答案的正确性，应对 ChatGPT 给出的答案进行验证。

除了让 ChatGPT 解答数学题之外，用户还可以让 ChatGPT 充当数学老师编写题目，指令模板如下。

你是一个数学老师，请你根据相关的数学知识解答下面这道数学题。首先讲解相关知识点和解题思路，然后列出解题方法和步骤，最后再根据这道题，给出 ×（数字）道类似的题目。你的回复要简单明了，与题目相关，不要做其他赘述。

题目为：×××

采用指令模板让 ChatGPT 充当数学老师编写题目的示例如图 15-4 所示。

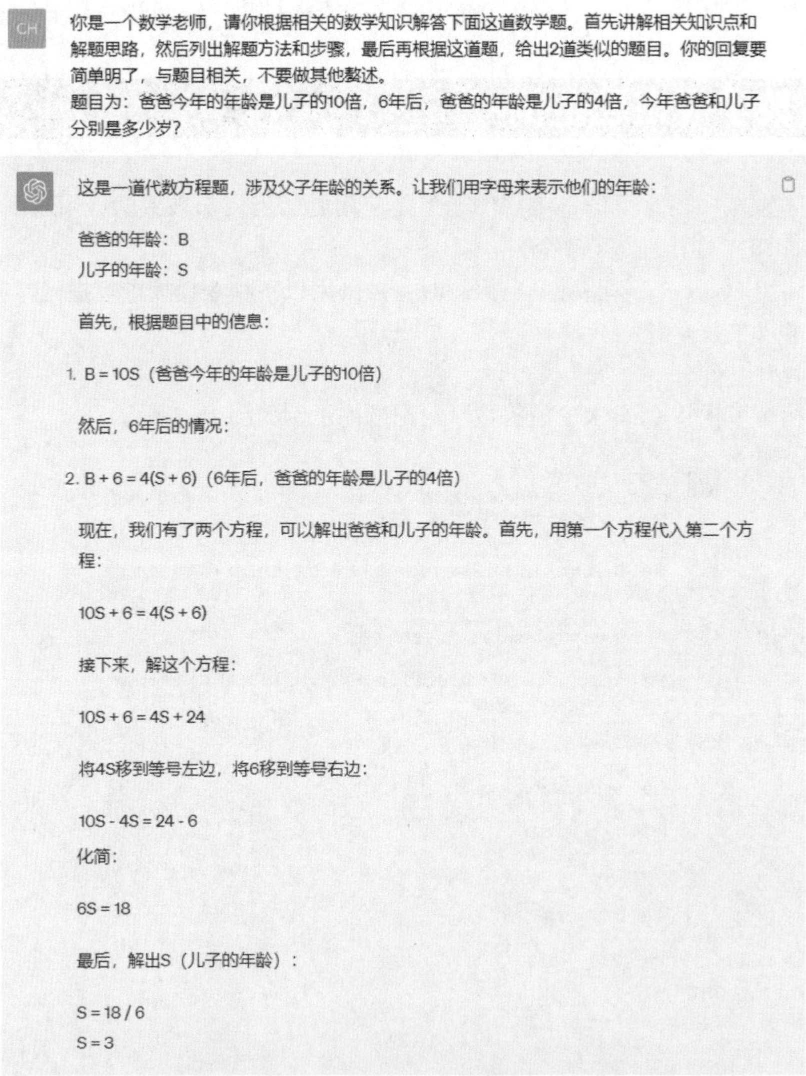

你是一个数学老师，请你根据相关的数学知识解答下面这道数学题。首先讲解相关知识点和解题思路，然后列出解题方法和步骤，最后再根据这道题，给出2道类似的题目。你的回复要简单明了，与题目相关，不要做其他赘述。
题目为：爸爸今年的年龄是儿子的10倍，6年后，爸爸的年龄是儿子的4倍，今年爸爸和儿子分别是多少岁？

这是一道代数方程题，涉及父子年龄的关系。让我们用字母来表示他们的年龄：

爸爸的年龄：B
儿子的年龄：S

首先，根据题目中的信息：

1. B = 10S（爸爸今年的年龄是儿子的10倍）

然后，6年后的情况：

2. B + 6 = 4(S + 6)（6年后，爸爸的年龄是儿子的4倍）

现在，我们有了两个方程，可以解出爸爸和儿子的年龄。首先，用第一个方程代入第二个方程：

10S + 6 = 4(S + 6)

接下来，解这个方程：

10S + 6 = 4S + 24

将4S移到等号左边，将6移到等号右边：

10S - 4S = 24 - 6
化简：

6S = 18

最后，解出S（儿子的年龄）：

S = 18 / 6
S = 3

图15-4　ChatGPT充当数学老师编写题目示例

现在我们知道儿子的年龄是3岁，可以用第一个方程计算爸爸的年龄：

B = 10S

B = 10 * 3

B = 30

所以，爸爸今年30岁，儿子今年3岁。

类似的题目：

1. 母亲今年的年龄是女儿的5倍，8年后，母亲的年龄是女儿的3倍，求母亲和女儿今年分别多少岁？
2. 哥哥今年的年龄是弟弟的7倍，4年后，哥哥的年龄是弟弟的5倍，求哥哥和弟弟今年分别多少岁？

图15-4　ChatGPT充当数学老师编写题目示例（续）

从上图可以看出，ChatGPT 响应指令首先解答了已有的数学题，然后再给出了类似的题目参考，为用户提供了解题和出题的思路。

065 推理游戏范例

"剧本杀"是推理游戏中的代表性游戏，在"剧本杀"这款游戏盛行之际，ChatGPT 可以发挥编写推理类游戏剧本的作用，为一些商家提供内容创作的思路。

用户运用 ChatGPT 编写推理类游戏剧本时可以采用以下指令模板进行提问。

请生成一个以 ××× 为主题的剧本，用作设置推理游戏，要求逻辑缜密，符合游戏规则

采用指令模板让 ChatGPT 编写推理类游戏剧本的示例，部分内容如图 15-5 所示。

请生成一个以悬疑案件为主题的剧本，用作设置推理游戏，要求逻辑缜密，符合游戏规则

剧本名称：《绝境谜案：遗失的明星》

场景：一座富丽堂皇的古典别墅，位于偏远的山区。时间是一个月前的一个阴暗的夜晚。

角色介绍：
1. 威廉·布莱克 – 退休的著名侦探，现在是一个神秘的收藏家。
2. 瑞秋·斯通 – 失踪的明星，过去是一位备受瞩目的电影明星，最近销声匿迹。
3. 马克·亨特 – 瑞秋的经纪人，面临财务危机，曾多次被威廉调查。
4. 莉莉·安德森 – 女演员，瑞秋的好友，她最近访问过瑞秋。
5. 彼得·沃克 – 摄影师，最后一次拍摄瑞秋时见到她。
6. 莱昂纳德·格雷 – 别墅的管家，默默观察一切。
7. 莫妮卡·史密斯 – 本地警察局的探员，接手了失踪案。
8. 大卫·哈珀 – 记者，试图揭开瑞秋失踪背后的秘密。

第一幕：失踪的明星
– 剧情从瑞秋的失踪开始。她在一场电影拍摄后神秘失踪，留下了一个加密的日记。
– 玩家扮演威廉·布莱克，被请来调查瑞秋的失踪。
– 玩家首先调查瑞秋的房间，发现了一些线索，包括一个破碎的玻璃瓶和她的手机。

图15-5　ChatGPT编写推理类游戏剧本示例（部分内容）

第二幕：疑点重重
- 玩家开始采访瑞秋的朋友和同事，包括马克、莉莉和彼得。
- 马克的财务状况引起了嫌疑，但他坚决否认与瑞秋的失踪有关。
- 莉莉提到在瑞秋失踪前探访了她，并发现她非常紧张。
- 彼得提供了一些照片，显示瑞秋在拍摄现场时的不安。

第三幕：别墅的秘密
- 玩家开始调查别墅，发现了一个隐藏的地下室，里面有一个工作室，墙上挂满了瑞秋的照片。
- 莱昂纳德·格雷承认，他是瑞秋的一个忠实粉丝，但否认涉及失踪案。
- 玩家还在工作室找到了一个带有密码锁的保险柜，需要找到密码才能打开。

第四幕：解锁谜团
- 玩家开始破解密码锁，需要通过解谜和搜集线索来找到正确的密码。
- 一旦打开保险柜，里面有瑞秋的日记，里面记录了她最后一次见到的人和一些不寻常的事件。
- 玩家发现了关键线索，指向了一个隐藏在别墅内的秘密房间。

图15-5 ChatGPT编写推理类游戏剧本示例（部分内容）（续）

第16章 学术领域的指令与范例

在学术研究领域，用户可以通过运用 ChatGPT 来获得学术报告方面的指导和建议。例如，ChatGPT 可以协助论文写作，为调研报告提供指导，甚至生成实验报告等。这种应用方式极大地帮助用户减轻了学业压力，提高了学术研究的效率和质量。

066 / 指令应用步骤

论文无论是在选题还是写作阶段，都十分考验学生的学术能力，往往需要学生投入大量的时间和精力。学生借助 ChatGPT 的力量可以减轻一些论文写作的负担，从而提高写作论文的效率。

本节将以让 ChatGPT 协助论文写作为例，介绍将 ChatGPT 用于学术领域的操作步骤。

STEP 01 探索论文选题：在 ChatGPT 输入框中输入指令，如"我正在研究谐音词的网络应用对汉语的影响，请提供一些有创新性、前瞻性的选题参考"，提供给 ChatGPT 生成论文选题的背景，然后按 Enter 键确认，ChatGPT 即会提供论文选题参考，如图 16-1 所示。

研究谐音词的网络应用对汉语的影响是一个具有创新性和前瞻性的研究领域，它涉及语言、文化和技术的交叉点。以下是一些可能的选题参考：

1. **网络谐音词对汉语口语和书面语的影响**：探讨网络上的谐音词在口语和书面语中的广泛应用，以及它们如何改变了汉语的表达方式和文体特点。

2. **谐音词在社交媒体上的应用分析**：研究社交媒体平台上谐音词的使用，以及它们在用户生成内容和互动中的角色。这可以涵盖微博、微信、抖音等平台。

3. **谐音词在网络流行语中的传播**：分析网络流行语如何受到谐音词的影响，以及这些流行语如何在不同社交圈子中传播和演化。

4. **谐音词与创意表达的关系**：研究谐音词如何促进创意表达，以及它们如何被广告、娱乐和文化创作所应用。

5. **文化差异与网络谐音词**：探讨不同地区、民族和文化中网络谐音词的异同，以及它们如何反映了不同文化的特点。

6. **网络谐音词对语言规范和标准的影响**：研究网络上流行的谐音词如何挑战传统的语言规范，以及它们是否对现代汉语的标准化产生了影响。

7. **网络谐音词的语言演化分析**：通过大规模语料库分析，追踪谐音词在汉语中的历史演变，以及它们如何随着时间的推移发生了变化。

8. **教育和汉语学习中的网络谐音词**：研究网络谐音词在汉语教育和学习中的作用，包括对学习者的影响以及教育资源的开发。

9. **网络谐音词与新兴技术的结合**：探讨谐音词如何与新兴技术，如人工智能、虚拟现实和增强现实相结合，创造出新的交互体验和应用场景。

10. **网络谐音词的法律和道德问题**：研究网络谐音词可能引发的法律争议和道德问题，包括侵犯版权、恶搞和辱骂等方面的问题。

图16-1 ChatGPT提供的论文选题参考

STEP 02 分析与确定选题：在输入框中继续输入指令，如"请以'谐音词与网络幽默文化的关系'为论文选题，分析选题的创新性和研究意义"，然后按 Enter 键确认，ChatGPT 即会生成论文选题的创新性和研究意义，如图 16-2 所示。

STEP 03 生成论文大纲：在输入框中继续输入指令，如"请以《谐音词与网络幽默文化的关系》为论文题目，提供完整的论文大纲"，然后按 Enter 键确认，ChatGPT 即会生成论文大纲，如图 16-3 所示。

"谐音词与网络幽默文化的关系"是一项富有创新性和研究意义的选题。以下是分析该选题的创新性和研究意义的关键点：

创新性：

1. **新兴语言现象**：网络幽默文化与谐音词的关系属于新兴语言现象，因为它们在互联网时代兴起并蓬勃发展。研究这一关系可以揭示汉语演化中的最新趋势和变化。
2. **语言创造性**：网络幽默文化依赖谐音词的创造性使用，这在传统语言中较为罕见。研究谐音词如何被用于创造幽默、讽刺和让人印象深刻的文化表达，具有强烈的创新性。
3. **多媒体融合**：网络幽默文化通常结合了文字、图片、音频和视频等多种媒体元素，与谐音词的关系涵盖了多媒体融合的研究，这是一个新的研究领域。

研究意义：

1. **文化传播和交流**：网络幽默文化是跨文化交流的重要方式之一，研究谐音词在其中的应用有助于理解不同文化背景的人如何通过语言和幽默建立联系。
2. **语言规范和演化**：网络幽默文化中的谐音词有时会挑战传统的语言规范，因此研究它们如何影响汉语的演化和标准化具有重要意义。
3. **创意产业与文化产品**：网络幽默文化不仅仅存在于社交媒体，还涵盖了广告、娱乐和文化创作。了解谐音词在这些领域的应用可以为创意产业的发展提供见解。
4. **教育和学习**：研究网络幽默文化和谐音词对汉语学习者的影响，可以改进汉语教育的教材和数学方法，使其更贴近实际应用。
5. **社会意义**：网络幽默文化是社会反映的一部分，它们可以反映当下社会、政治和文化的关切点。研究谐音词与幽默文化的关系有助于理解社会话题的演变。

图16-2　ChatGPT生成的论文选题的创新性和研究意义

下面是关于《谐音词与网络幽默文化的关系》的论文大纲，这个大纲包含了论文的主要部分和各个章节的内容概述。

论文大纲：《谐音词与网络幽默文化的关系》

摘要

- 介绍研究背景和问题
- 概括研究方法和主要发现
- 提出研究的重要性和影响

引言

- 研究背景和动机
- 研究问题和目标
- 文献综述：网络幽默文化和谐音词的相关研究
- 研究方法和数据来源

第一章：网络幽默文化与谐音词

- 网络幽默文化的定义和特点
- 谐音词的概念和分类
- 网络幽默文化中谐音词的典型应用

第二章：谐音词的创造性和多媒体融合

- 谐音词在网络幽默文化中的创造性应用
- 多媒体元素在网络幽默文化中的作用
- 谐音词与图片、音频和视频的关系

图16-3　ChatGPT生成的论文大纲

第三章：网络幽默文化的跨文化传播
* 网络幽默文化的国际化趋势
* 谐音词在跨文化幽默中的作用
* 跨文化交流中的语言障碍与谐音词的应对策略

第四章：谐音词与语言规范的挑战
* 谐音词对传统语言规范的冲击
* 汉语演化中谐音词的影响
* 社会和文化因素对语言规范的塑造

第五章：创意产业与文化产品中的应用
* 谐音词在广告中的创意表达
* 娱乐产业中的谐音词使用案例
* 文化创作与谐音词的创新

第六章：教育和学习中的角色
* 谐音词在汉语教育中的应用
* 学习者如何利用谐音词提高语言技能
* 教育资源的开发与谐音词

第七章：社会意义和未来展望
* 谐音词与当代社会、政治和文化的关系
* 社会对网络幽默文化的态度和反应
* 未来研究方向和对汉语文化的影响展望

结论
* 总结研究发现和观点
* 论述本研究的贡献和限制
* 强调对汉语语言和文化的重要性和影响

参考文献
* 列出引用的所有文献和资源

附录
* 如有必要，包括额外的数据、图表和示例

图16-3　ChatGPT生成的论文大纲（续）

按照上述方法，用户在获得 ChatGPT 提供的论文大纲参考后，可以根据实际情况和具体的研究内容进行调整。并且需要予以重视的是，ChatGPT 提供的论文大纲仅作为参考，实际写作中需要结合学术期刊、文献资料和以往的研究情况进行调整。

067　调研报告范例

调研报告是产生理论知识、做出科学决策的重要依据，具有准确性、清晰化、实用性和逻辑性等特点。最重要的是，调研报告有极强的可读性，适合不同的读者阅读，这与它的语言风格和表达方式有关。在 ChatGPT 的帮助下，用户可以写出有更高可读性的调研报告。

用户运用 ChatGPT 获取调研报告写作指导时可以采用以下指令模板进行提问。

请从调研方法和案例分析方面，为一篇 ××× 的调研报告，提供具体的调研方案指导

采用指令模板让 ChatGPT 提供调研报告指导的示例如图 16-4 所示。

请从调研方法和案例分析方面，为一篇关于线上聊天使用表情包对人际关系影响的调研报告，提供具体的调研方案指导

 线上聊天使用表情包对人际关系影响的调研报告需要采用系统性的研究方法，以确保获得可靠的结果。以下是一个调研方案的指导，包括调研方法和案例分析：

调研方法

1. 研究目的和问题制定
- 确定研究的主要目的：了解线上聊天使用表情包对人际关系的影响。
- 制定研究问题：例如，表情包如何影响线上人际沟通？表情包在不同情境下的使用方式是否不同？

2. 受访者招募
- 选择受访者群体：确保受访者具有多样性，包括不同年龄、性别、文化背景和在线社交习惯的人。

3. 数据收集方法
- 定性研究方法：使用深度访谈、焦点小组讨论等方法，以获取受访者的主观看法和经验。
- 定量研究方法：设计在线问卷调查，以收集大量数据，并使用统计分析工具来分析结果。

4. 数据分析
- 使用适当的分析工具（如内容分析、主题分析、统计分析等）来处理和解释数据。
- 将结果与相关理论框架进行对比，以提供深刻的见解。

5. 值得关注的因素
- 考虑调研过程中可能的偏见和误差，采取措施来减少这些偏见。
- 考虑数据的时效性，因为在线社交和表情包的使用可能随时间变化。

案例分析

1. 选择案例
- 选择不同类型的在线社交平台作为案例，例如社交媒体、即时消息应用程序、在线游戏等。
- 选择具有不同表情包使用特点的案例，例如某些平台可能更侧重于表情包的丰富性，而其他平台可能更注重表情包的文化含义。

2. 数据收集
- 收集案例中的表情包使用数据，包括表情包类型、频率、情境等。
- 收集用户反馈和评论，以了解他们对表情包使用的看法和感受。

3. 数据分析
- 对不同案例进行比较分析，以识别表情包在不同平台和情境下的影响。
- 探索表情包使用与人际关系变化之间的关联，如友好度、沟通效率、误解减少等。

4. 案例分析的深入
- 考虑案例中的特殊情况，例如不同文化背景下的表情包使用差异。
- 分析案例中的成功和失败因素，以了解表情包如何影响人际关系的质量。

报告撰写

最后，将调研结果整理成一份详细的报告，包括以下内容：

1. 研究背景和目的
2. 调研方法和数据收集过程
3. 数据分析结果和发现
4. 案例分析和案例之间的比较
5. 讨论调研结果的实际意义
6. 结论和建议：总结调研的主要发现，并提供关于线上聊天使用表情包的建议，以及可能的未来研究方向。

图16-4　ChatGPT提供调研报告指导示例

068 实验报告范例

实验报告是学术领域中常见的文本，主要用于记录、分析和解释各类实验和测验的结果，从而提高学术水平。用户巧妙地运用 ChatGPT，借助 AI 的力量可以高效地完成实验报告。

用户运用 ChatGPT 生成实验报告时可以采用以下指令模板进行提问。

❶ 探索选题：我需要写一份×××的实验报告，你能给我提供一些选题方向吗？

❷ 生成大纲：请以×××为主题，生成实验报告的大纲

采用指令模板让 ChatGPT 生成实验报告的示例，部分内容如图 16-5 所示。

图16-5 ChatGPT生成实验报告示例（部分内容）

需要注意的是，ChatGPT 提供的实验设计仅作为实验参考，必须结合实际情况进行调整、测验。用户还可以将写完的实验报告内容提供给 ChatGPT，让其进行修改润色。

第 17 章　公文写作指令与范例

　　公文是企事业单位或日常生活中用于办公或社交的文本，包括法定类公文、事务类公文、规约类公文、凭证类公文、讲话类公文、书信类公文和礼仪类公文等不同的文体。用户运用 ChatGPT 能够获得不同文体的公文写作参考。

069 指令应用步骤

通知是一种企事业单位用于发布信息、传达资讯的文体，发挥着传递信息、传达决策的作用。在 ChatGPT 的帮助下，用户可以提高撰写通知的效率、准确性和全面性，从而让通知有效地发挥其作用。

本节将以让 ChatGPT 生成通知内容为例，介绍使用 ChatGPT 协助公文写作的操作步骤。

STEP 01 分析公文实例：在 ChatGPT 输入框中输入指令，如"请从结构和体例上分析以下通知（另起一行，提供关于端午节放假的通知）"，让 ChatGPT 了解通知的写作模式，然后按 Enter 键确认，ChatGPT 即会对通知实例进行分析，如图 17-1 所示。

这篇通知是关于2023年端午节放假安排的通知。以下是对通知的结构和体例分析：

结构分析：

1. **标题**：通知以明确的标题开始，标题是"关于2023年端午节放假安排的通知"，直接传达了通知的主题。
2. **收信人**：通知的第一句是"公司全体员工"，明确了通知的受众，即公司内的所有员工。
3. **正文**：正文部分包含了主要的信息，分为以下几个部分：
   - **放假时间**：介绍了端午节的放假时间，包括日期（6月22日至6月24日）和总共的放假天数（3天）。
   - **值班安排**：提到了各部门需要提前做好值班安排，以确保公司在放假期间的正常运转，并强调了值班人员需要保持手机畅通，以应对突发情况。
   - **安全注意事项**：列出了放假期间员工需要注意的安全事项，包括人身及财产安全、交通规则、防火、防盗、防水等安全工作，以及天气变化和出行安排。
4. **结尾**：通知以"特此通知，望全体员工认真执行。"作为结尾，强调员工需要认真遵守通知中的安排。
5. **附件**：通知末尾提到了附件，但在本例中没有具体附件内容，可能是留有补充文件的空间。
6. **发布日期**：通知最后标明了发布日期（2023年5月12日），以确保员工知道通知的时效性。

体例分析：

通知的体例非常常见和标准，符合正式通知的要求。以下是体例的一些特点：

- **格式清晰**：通知的格式非常清晰，使用了明确的标题、分段结构以及项目符号，使信息易于阅读和理解。
- **用词准确**：通知中使用了准确的词汇和表达方式，以传达信息并强调重要事项。
- **信息层次分明**：通知按照放假时间、值班安排和安全注意事项的顺序分布信息，使读者能够清晰地了解每个方面的内容。
- **语言简洁明了**：通知的语言简洁明了，没有使用复杂或难以理解的词汇，确保广大员工能够轻松理解通知内容。

总体来说，这篇通知的结构和体例都很好地传达了重要信息，确保了员工能够明白放假安排以及在放假期间需要注意的事项。通知的语言清晰，用词得当，是一份有效的通知文档。

图17-1 ChatGPT对通知实例进行分析

STEP 02 仿照实例写作：在输入框中继续输入指令，如"请模仿以上实例，写作一篇关于因线路维修需停电两天的通知，停电时间为 2023 年 11 月 1—2 日，上午 8:00 至 11:00，下午 14:00 至 19:00"，然后按 Enter 键确认，ChatGPT 即会生成相应的通知，如图 17-2 所示。

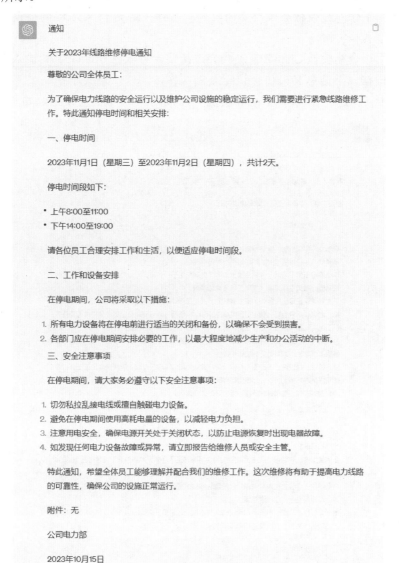

图17-2　ChatGPT生成的相应的通知

用户还可以根据 ChatGPT 给出的通知内容，让 ChatGPT 进行内容优化，如结尾增加祝福语，以给人亲切感等。

070 / 会议纪要范例

会议纪要是会议的记录和凭证，好的会议纪要可以清晰、准确地记录会议内容，并为工作人员提供指导。一般而言，撰写会议纪要需要遵循一定标准，按照统一的格式进行，借助 ChatGPT 的力量，工作人员可以更快、更好地完成会议纪要的写作。

用户运用 ChatGPT 生成会议纪要时可以采用以下指令模板进行提问。

请根据以下信息和模仿会议纪要的实例，写作一篇关于×××的会议纪要（另起一行，提供信息和实例）

用户采用指令模板让 ChatGPT 生成会议纪要，可以在 ChatGPT 的输入框中输入指令，如"请根据以下信息和模仿会议纪要的实例，写作一篇关于提高员工工作效率主题的会议纪要（另起一行，提供信息和实例）"，ChatGPT 生成的会议纪要如图 17-3 所示。

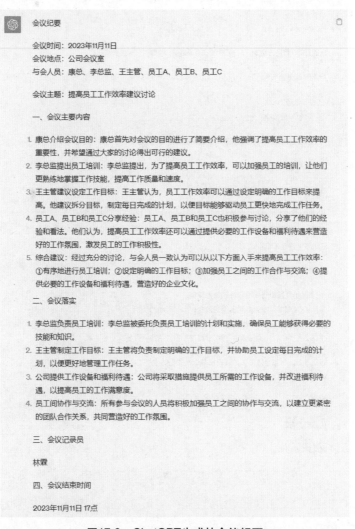

图17-3　ChatGPT生成的会议纪要

071 / 发言稿范例

发言稿是用于会议、演讲、报告等场合的讲话文稿，目的是传达信息、表达观点或思想，具有一定的写作格式和要求。用户可以向 ChatGPT 说明具体的需求，让

ChatGPT 根据用户需求描述生成发言稿。

用户运用 ChatGPT 生成发言稿时可以采用以下指令模板进行提问。

我是 ××× （职业或身份），我有 ××× 需求，请帮我生成一份发言稿

采用指令模板让 ChatGPT 生成发言稿的示例如图 17-4 所示。

我是编辑部门的主管，我需要在周一早上的新员工培训会上发言，请帮我成生一份发言稿

尊敬的各位新员工，

大家早上好！我非常高兴能在这个重要的新员工培训会上与大家交流。首先，我想对各位选择加入编辑部门表示热烈的欢迎。在未来的日子里，我相信我们将一起工作，共同创造出卓越的编辑内容。

我明白，加入一个新团队并不总是一件容易的事情，特别是在一个涉及文本、写作和编辑的领域。但是，我可以向各位保证，我们的团队将竭尽所能，为你们提供支持和指导，帮助你们快速适应新环境，掌握新技能。在这个过程中，不要犹豫向我们提出问题，我们随时愿意为你们解答疑惑。

编辑部门是一个关键的部门，我们的工作直接关系到公司的声誉和成功。我们致力于确保所有的文本内容都准确、流畅、易于理解，并符合公司的品牌标准。因此，我们的工作是具有挑战性的，但也是非常有意义的。

在这里，我想分享一些成功的编辑部门的核心价值观，这些价值观将指导我们的工作：

1. **准确性**：我们的首要任务是确保所有的信息都是准确的。我们是公司信息的守护者，因此我们的编辑工作必须仔细、精确。
2. **清晰度**：我们努力确保文本内容通俗易懂，不使用过于专业化的词汇，以便广大读者能够理解。
3. **一致性**：我们追求一致性，以确保公司的品牌形象在不同的文本中保持一致。这包括文本风格、用词选择等方面的一致性。
4. **协作**：编辑部门与其他部门之间的协作至关重要。我们需要积极与作者、设计师和市场团队合作，以确保最终的内容达到最佳效果。
5. **不断学习**：编辑是一个不断学习的过程。我们鼓励大家不断提升自己的技能，跟随行业的最新趋势。

最后，我想鼓励各位新员工积极参与团队活动和项目，发挥你们的创造力和热情。编辑部门是一个充满机会的地方，你们的贡献将不仅影响公司的成功，也会塑造你们自己的职业道路。

再次感谢大家加入我们的团队。让我们一起努力，共同创造出优秀的编辑内容，为公司的成功贡献力量。

谢谢！祝大家在新的工作岗位上取得成功！

图17-4　ChatGPT生成发言稿示例

发言稿的格式要求相对较低，因此用户应在指令中输入更多的需求信息，如交代自己的职业、身份，说出自己的困境，急需解决的问题等，即可让 ChatGPT 生成更有针对性的发言稿。

072 请柬范例

请柬，又称请帖，是为邀请宾客参加某项活动而发出的礼仪类书信。请柬可以用于人们结婚、祝寿、生育或举行其他的庆典活动，一般具有格式文雅规范、措辞认真诚恳的特点。用户可以提供给 ChatGPT 一定的实例，让 ChatGPT 生成请柬内容。

用户运用 ChatGPT 生成请柬时可以采用以下指令模板进行提问。

请模仿以下实例，生成一份×××的请柬，要求措辞真挚诚恳、文雅兼备（另起一行，提供请柬实例）

采用指令模板让 ChatGPT 生成生日派对请柬的示例如图 17-5 所示。

请模仿以下实例，生成一份生日派对的请柬，要求措辞真挚诚恳、文雅兼备

请柬

送呈章鑫先生（女士）台启
  谨订于公历2023年10月5日（星期四）
  农历癸卯兔年 八月廿一
  举行新居落成并乔迁之庆
  届时恭请称呼章鑫先生全家
  光临谨邀 王宽

席设：龙福大酒店五层东厅

王宽谨邀
2023年9月15日

 尊敬的王宽先生：

我谨代表章鑫先生一家，衷心地邀请您出席我们的生日派对庆典。这是一个值得庆祝的日子，我们将于公历2023年10月5日（星期四）隆重举行。

在这个特殊的日子里，我们将迎来章鑫先生的，这也是家人和朋友们团聚的时刻。我们非常期待您的光临，与我们共同分享这份喜悦和快乐。

以下是活动的详细信息：

日期：公历2023年10月5日（星期四）
农历：癸卯兔年八月廿一

地点：龙福大酒店五层东厅

为了更好地准备，我们恳请您在2023年10月5日前回复是否能够光临。您的出席将使这个庆典更加完美。

再次感谢您的友情，期待您的光临。如果您有任何问题或需要进一步的信息，请随时联系我。

真诚地，
章鑫先生及全家敬上
2023年9月15日

图17-5 ChatGPT生成生日派对请柬示例

可以看出，ChatGPT 生成的请柬在内容要素上是齐全的，且予以了内容的补充说明。但格式布局上没有按照输入的格式撰写，用户可以自行调整。另外，用户可以提出修改要求，让 ChatGPT 使用更为文雅的措辞来写作请柬。

第 18 章　文艺创作指令与范例

ChatGPT 用于文艺创作，可以生成诗词、戏剧、散文、文学评论等，为文艺创作提供新的思路和开拓新的创作方向。本章将介绍将 ChatGPT 应用于文艺创作的指令与范例。

073 指令应用步骤

诗词是一种意蕴丰富、情感浓厚的文本，通常带有诗人独特的叙事方式与思维模式。ChatGPT 在学习了大量的诗词数据之后，也能够通过数据排序的方式创作诗词，只需用户给予适当的指令即可。

本节将以让 ChatGPT 创作诗词为例，介绍将 ChatGPT 应用于文艺创作的操作步骤。

STEP 01 引入诗词，开启对话：在 ChatGPT 输入框中输入指令，如"你读过李白的诗吗？请你总结一下李白诗词的特点"，确认 ChatGPT 是否了解诗词的写法，然后按 Enter 键确认，ChatGPT 即会总结出李白诗词的特点，如图 18-1 所示。

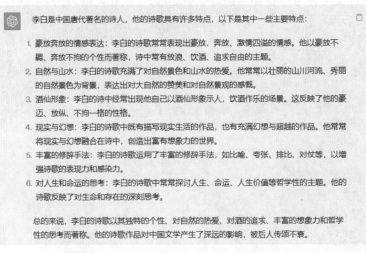

图18-1　ChatGPT总结出的李白诗词的特点

STEP 02 输入指令，提出需求：在输入框中继续输入指令，如"请你模仿李白的写作风格，围绕'大海''胸襟'创作一首诗词"，然后按 Enter 键确认，ChatGPT 即会生成诗词，如图 18-2 所示。

图18-2　ChatGPT生成的诗词

用户还可以提出优化要求，让 ChatGPT 修改诗词，使诗词更加富有意蕴和思想。此外，用户若想要 ChatGPT 生成现代诗歌，也可以在指令中予以说明。

074 散文范例

在生活中，我们欣赏美景、享受美食、阅读佳作或感悟人生百味，都可能会禁不住文思涌动，想要用言语或文字表达，散文便由此而来。ChatGPT 的出现，使得散文能够借助 AI 的力量更加精准地传情达意。

用户运用 ChatGPT 写作散文时可以采用以下指令模板进行提问。

❶ 引入散文：请总结出 ×××（名家名作）这篇散文的特点

❷ 生成散文：请根据上述特征，写作一篇关于 ××× 的散文，字数在 × 字左右

采用指令模板让 ChatGPT 写作散文的示例如图 18-3 所示。

图18-3 ChatGPT写作散文示例

在 ChatGPT 生成散文的基础上，用户还可以要求 ChatGPT 进行优化，如对文字润色、加入修辞手法、增加哲理性等。

075 戏剧范例

戏剧是一种独特的文本，可以通过舞台、电视荧幕、电影等形式呈现出具体的画面，相对于散文，戏剧更有故事性和画面感，因此观赏戏剧成为人们闲暇时的娱乐方式之一。

用户运用 AI，可以找到一些撰写戏剧的灵感。

用户运用 ChatGPT 生成戏剧时可以采用以下指令模板进行提问。

请模仿 ×××（著名戏剧家）的写作手法，创作一部以 ××× 为主题的戏剧，要求 ×××

采用指令模板让 ChatGPT 生成戏剧的示例如图 18-4 所示。

请模仿威廉·莎士比亚（William Shakespeare）的写作手法，创作一部以职业女性为主题的戏剧，要求先生成内容简介与大纲

标题：《繁星下的女巫》

内容简介：
《繁星下的女巫》是一部以职业女性为主题的戏剧，讲述了女主人公伊莎贝尔·麦金泰尔的生活与挣扎。伊莎贝尔是一位杰出的女巫，她不仅在神秘的魔法世界中才华横溢，而且在男权社会中也坚强自立，勇敢地面对了自己的命运。故事发生在文艺复兴时期的英格兰，充满了戏剧性、情感和深刻的思考，展现了女性权力与自由的争取。

大纲：
第一幕：
伊莎贝尔·麦金泰尔，一位年轻而充满活力的女巫，被介绍给观众。她在森林中展示了她的魔法才能，引领观众进入神秘的魔法世界。然而，在伊莎贝尔的职业生涯中，她不断遭受来自社会的歧视和敌意。一位强大的男巫，马尔科姆，试图剥夺她的权力。

第二幕：
伊莎贝尔决定挑战社会的束缚，她前往伦敦，寻求女王伊丽莎白一世的庇护。在宫廷中，她结识了女权主义者凯瑟琳，与她共同谋划如何改变女性的地位。伊莎贝尔开始在女权运动中崭露头角，与马尔科姆展开了一场激烈的权力斗争。

第三幕：
伊莎贝尔与马尔科姆的冲突日益升级，魔法与权谋在宫廷中交织。伊莎贝尔的坚韧和智慧使她在斗争中取得胜利，女性们开始获得更多的自由和机会。然而，她也付出了巨大的代价，她的爱情与友情都受到了伤害。

第四幕：
女权运动在整个国家蔓延，伊莎贝尔成为女性们的象征。她继续使用魔法来保护自己和她所珍视的人，但她也开始反思权力的本质和自己的责任。最终，她与马尔科姆达成妥协，以和平的方式结束了斗争。

第五幕：
戏剧的高潮发生在伊莎贝尔面临生死抉择的时刻。她必须放下自己的魔法力量，以换取和平与团结。最后，她成为女性权益的倡导者，为女性的地位争取更多的尊重和平等。剧终，观众留下思考，反思自己的社会和性别观念。

《繁星下的女巫》通过威廉·莎士比亚式的戏剧手法，探讨了职业女性在男权社会中的挣扎与成长，以及权力、爱情和自我牺牲的主题。这部戏剧将观众带入一个充满魔法和戏剧性的世界，同时引发深刻的社会思考。

图18-4 ChatGPT生成戏剧示例

一般来说，用户让 ChatGPT 生成戏剧，应先生成戏剧的内容简介和大纲，然后再根据大纲写作详细的戏剧内容。

076 文学评论范例

发表文学评论是深入分析和评价文学作品的一种形式，旨在通过对文学作品的解读和评价，揭示出文学作品的内涵、特征、结构，以及文学作品与时代、社会、文化

的关系。文学评论是推动文艺创作的方式之一。

运用 ChatGPT 生成文学评论，可以获得不同维度、不同视角的文学解读，从而推动文艺创作活动的发展与进步。用户运用 ChatGPT 生成文学评论时可以采用以下指令模板进行提问。

假设你是一名文学批评专家，请你从多个维度对 ××× 这部文学作品进行解读和评价，并写作一篇 × 字的论文

采用指令模板让 ChatGPT 生成文学评论的示例如图 18-5 所示。

> CH　假设你是一名文学批评专家，请你从多个维度对《百年孤独》这部文学作品进行解读和评价，并写作一篇500字的论文
>
> 《百年孤独》：文学的瑰宝
>
> 《百年孤独》是哥伦比亚文学巨匠加西亚·马尔克斯的代表作，被誉为20世纪最伟大的文学作品之一。这部作品不仅在文学史上具有重要地位，也以其丰富的多维度叙事和深刻的主题脱颖而出。本论文将从多个维度对《百年孤独》进行解读和评价，包括其叙事结构、主题、象征意义以及文学风格等。
>
> 首先，我们可以观察到《百年孤独》的独特叙事结构。马尔克斯采用了非线性的时间线，将故事从不同的角度和时间段进行了交织和展示。这种叙事手法使得读者在阅读过程中像是漫游在一个迷宫中，不断地发现新的线索和故事层面。这种非传统的叙事结构不仅增加了小说的复杂性，也反映了人生的混沌和不确定性。读者在其中感受到时间的循环和历史的重复，这正是小说主题之一：命运和历史的无尽重复。
>
> 其次，本作的主题之一是家族和孤独。通过布恩迪亚家族的七代人物，马尔克斯探讨了家族关系和孤独的复杂性。家族的繁荣和衰落、亲情与仇恨、爱与背叛，这些元素都贯穿整个小说。而孤独则体现在许多角色的内心世界，特别是奥雷连诺和乌苏拉。他们在人生的不同阶段都经历了孤独，这使得孤独成为小说的一种主题和象征。
>
> 第三，象征意义在《百年孤独》中扮演了重要角色。马尔克斯通过奇幻和超自然元素来丰富小说的象征层面。马拉斯飘忽不定的冰块、显现在家族中的疾病、卡尔曼迪亚人的飞升等都有着深刻的象征意义，代表了命运、历史和人类内心的复杂性。这些象征元素赋予了小说深度和多维度的解读可能性，使其成为文学批评家们的宝藏。
>
> 最后，马尔克斯的文学风格也值得称赞。他以流畅的叙述、生动的描述和丰富的想象力为读者营造了一个栩栩如生的马奇雅多。他的语言不仅表现出拉丁美洲的独特风情，还融入了神话、现实主义和超现实主义的元素，为小说增色不少。此外，马尔克斯的幽默和讽刺也为作品注入了一份特殊的活力。
>
> 总之，《百年孤独》是一部文学瑰宝，其深刻的主题、复杂的叙事结构、象征意义和独特的文学风格都让人叹为观止。这部作品挑战了传统文学的界限，留下了永恒的印记，也为后来的文学创作提供了灵感。它不仅令读者陷入故事的魔力，也激发了文学批评家们无尽的思考和讨论。因此，《百年孤独》无疑是文学世界的珍宝，值得我们不断解读和赞美。

图18-5 ChatGPT生成的文学评论示例

在以上示例中，赋予 ChatGPT 文学批评专家的身份，可以让 ChatGPT 结合文学批评相关的理论来进行文学评价。用户不仅可以让 ChatGPT 对某一部文学作品进行整体评论，也可以让 ChatGPT 从写作手法、叙述角度、表达主旨等某一个特定的方面对文学作品进行评论。

第 19 章　小说编写指令与范例

　　小说是指一些虚构的、带有故事情节的文字内容。它通常通过描述情节发展和刻画人物形象来吸引受众的关注，包括言情小说、科幻小说、推理小说、现实小说和历史小说等。本章将介绍运用 ChatGPT 编写小说的指令与范例。

077 指令应用步骤

言情小说是以爱情为主题，通过完整的故事情节和具体的环境描写来反映爱情观念的文学体裁。言情小说自我国唐代时兴起，发展至今，仍然有很大的受众群体。运用 ChatGPT 可以为用户提供创作言情小说的灵感。

本节将以让 ChatGPT 生成言情小说为例，介绍运用 ChatGPT 编写小说的操作步骤。

STEP 01 赋予身份，编写大纲：在 ChatGPT 输入框中输入指令，如 "你的角色是一名网络作家，擅长发挥想象力创作言情故事。现在需要你创作一本关于校园爱情的言情小说，请先生成小说的大纲"，然后按 Enter 键确认，ChatGPT 即会生成言情小说的大纲，如图 19-1 所示。

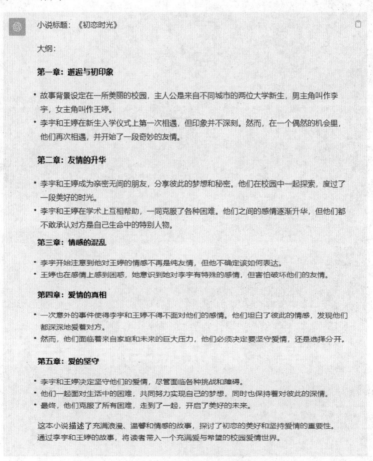

图19-1 ChatGPT生成的言情小说的大纲

STEP 02 确定大纲，编写内容：在输入框中继续输入指令，如 "请续写第一章，要用网文的写作风格，故事情节有新意"，然后按 Enter 键确认，ChatGPT 即会按照要求续写小说的第一章，如图 19-2 所示。

第一章：邂逅与初印象

大学的新生入学仪式，是校园里最热闹的一天。学生们穿着整齐的校服，笑容满面地聚在操场上，操场瞬间变成了热闹非凡的人海。阳光洒在他们身上，仿佛为这一刻特地升起，让一切都充满了活力。

李宇和王婷也不例外。李宇带着一丝紧张，目不转睛地打量着周围的人群，寻找着熟悉的面孔。他来自南方的小城市，第一次离开家乡，身边没有认识的人，所以他有些担忧。

与此同时，王婷却是沉浸在自己的世界里。她站在一群女生中，自信满满地，散发出一股与众不同的气质。她来自大都市，一直梦想着能够在这所名校获得更多的机会和挑战。

正当李宇感到有些孤独的时候，他不小心撞到了一个女生。一本书从女生手中掉落，滚落到地上。

"对不起，我不是故意的。"李宇连忙弯下腰，帮助女生捡起了那本书。

女生抬起头来，露出了一个甜美的微笑。她的眼睛是深邃的棕色，一头乌黑的长发披在肩上，她看起来非常迷人。她接过书，声音轻轻地说道："没关系，谢谢你帮我捡书。我叫王婷，你呢？"

李宇有些结巴地回应道："我……我叫李宇。来自南方的小城市。"

王婷微笑着伸出手，与李宇握手寒暄。"很高兴认识你，李宇。我也是新生，刚刚来到这里。"

从这一刻起，两人的相遇似乎是命中注定的。他们聊了许多话题，发现彼此有着共同的兴趣和理想。王婷的活泼开朗和李宇的细腻温柔形成了鲜明的对比，却又互相补足。

入学仪式结束后，李宇和王婷决定一起去食堂吃午餐。在食堂里，他们品尝着各种美味的食物，聊着家乡的故事，仿佛已经认识了很久一样。

这一次的相遇并没有立刻点燃爱情的火花，但它却埋下了一颗种子，在以后的日子里，将悄然生根发芽。李宇和王婷的友情，将在校园的时光中不断升华，成为一段永恒的回忆。

图19-2　ChatGPT按照要求续写小说的第一章

在以上示例中，先让 ChatGPT 生成小说的大纲，用户可以查看言情小说的故事框架、逻辑和结构，以确保小说的可读性，若用户发现有问题的地方，可以让 ChatGPT 及时修改；再让 ChatGPT 按照小说大纲续写各个章节的内容，便可以获得完整的言情小说。

078 科幻小说范例

科幻小说是指在尊重科学结论的基础上，进行故事虚构的文学体裁。这类小说主要以科学故事为题材，一般具备逻辑自洽、科学元素和人文思考三个要素。运用 ChatGPT 可以为用户提供创作科幻小说的灵感。

用户运用 ChatGPT 创作科幻小说时可以采用以下指令模板进行提问。

你的角色是一名科幻小说家，擅长×××。现在需要你虚构一篇×字的科幻小说，主题为×××，语言风格不限，但需要遵循以下规则：1. 逻辑自洽；2. 带有科学元素；3. 有一定的人文思考

采用指令模板让 ChatGPT 编写科幻小说的示例如图 19-3 所示。

 你的角色是一名科幻小说家,擅长创作脑洞大开且引人入胜的故事,能够长期吸引读者。现在需要你虚构一篇800字的科幻小说,主题为"人类的未来与火星的关系",语言风格不限,但需要遵循以下规则:1. 逻辑自洽;2. 带有科学元素;3. 有一定的人文思考

 标题:《星际之梦》

第一章: 穿越时光的梦

西元2085年,人类已经开始探索太空的奥秘。地球上的资源逐渐枯竭,气候崩溃,人类面临着前所未有的挑战。在这个危机四伏的时刻,一场前所未有的梦想将改变一切。

在一座被气候变化侵蚀的城市中,年轻的天文学家艾莉森沉浸在她的研究中,努力探索着星际之梦。她坚信人类的未来取决于对太空的探索。然而,她的理论似乎过于大胆:她坚信,火星可能是人类的新家园。

第二章: 星际之旅

科学家们决定采纳艾莉森的理论,展开了一项名为"星际之旅"的计划。他们打造了一艘巨大的宇宙飞船,装备了最尖端的技术,以带领一支勇敢的团队前往火星。

数年后,火星之旅开始。飞船上的科学家和工程师们投身于一个前所未有的冒险,他们的目标是改造这颗红色星球,让它适合人类生存。然而,这个任务充满了挑战:恶劣的环境、有限的资源、孤立无援的感觉,一切都在考验着他们的坚韧和智慧。

第三章: 火星之梦

数十年后,火星已经变得不再像一个荒凉的红色沙漠,而是一个新的家园。在气候控制系统的帮助下,火星的大气逐渐变得适合呼吸。巨大的城市涌现在红色的平原上,人类在这颗星球上建立了新的社会。

然而,这并不是一段平稳的历程。火星的居民面临着道德和伦理的困境。他们必须决定如何平衡自然资源的利用和火星生态系统的保护。与此同时,地球上的人类社会也在发生巨大的变化,对火星的资源产生了渴望。

第四章: 火星之问

随着时间的推移,火星与地球之间的联系变得更加紧密。科学家们发明了一种名为"虚拟共鸣"的技术,使人们能够在火星和地球之间进行实时通信和感知。这种技术让地球上的人们更加渴望探索火星,同时也引发了一系列哲学和伦理的问题。

艾莉森成为火星上的领袖,她不仅要面对地球上的压力,还必须解决火星上内部的分歧。一天,她站在火星的红色土地上,仰望星空,思考着这个新时代的挑战。

"我们来到这颗星球是为了生存,为了未来,"她自言自语,"但我们也不能忘记,我们来自地球,我们与地球有着深刻的联系。我们要如何平衡我们的渴望和责任?"

第五章: 星际之和

在压力和冲突之下,人类最终找到了答案。他们决定将火星视为一个新的家园,但也要尊重地球的生态系统。虚拟共鸣技术让地球和火星之间的联系更加紧密,人们开始更加珍惜两颗星球的共生关系。

图19-3　ChatGPT编写科幻小说示例

科学家们继续研究太空，探索更远的星际之梦。人类的未来变得更加光明，因为他们学会了在宇宙中寻找答案，同时也保护了地球这个宝贵的家园。

结局：星际之梦的继续

在"星际之梦"的引领下，人类不断前进，探索宇宙的奥秘。他们不仅找到了新的家园，还找到了自己内心深处的答案。星际之梦将永不停息，因为它不仅是一场科学的探索，也是一场人类对内心的深刻思考，关于责任、共生和未来的思考。

在星际之梦中，人类的未来与火星的关系不仅是一段科学冒险，更是一场人文探讨，关于人类在宇宙中的定位和使命。这个故事提醒我们，无论前路多么艰难，只要我们相信科学和人类的力量，星际之梦不会熄灭。

图19-3　ChatGPT编写科幻小说示例（续）

用户在让 ChatGPT 生成科幻小说时，应注意小说的逻辑关系是合理且自洽的，符合科幻小说的科学性和人文性。

079　推理小说范例

推理小说是一种以逻辑推理方式来虚构故事的文学体裁。这类小说通常会设置一个谜题来连贯故事，让读者寻找凶手或找寻失物，以此来吸引读者的阅读兴趣。在 ChatGPT 的帮助下，推理小说家可以获得更多的创作灵感。

用户运用 ChatGPT 编写推理小说时可以采用以下指令模板进行提问。

你的角色是一名推理小说家，擅长×××。现在需要你虚构一篇×字的推理小说

采用指令模板让 ChatGPT 编写推理小说的示例如图 19-4 所示。

CH　你的角色是一名推理小说家，擅长虚构逻辑严密的谜团和人物的心理描写。现在需要你虚构一篇800字的推理小说

在一个宁静的小镇上，突然发生了一桩离奇的谋杀案。受害者是一位名叫艾莉森·霍普金斯的年轻女性，她是该小镇上一家古老书店的店主。案发当晚，小镇的居民们纷纷涌向书店，震惊于这一不寻常的事件。

我，推理小说家亚瑟·哈罗德，远道而来，闻讯赶到了这个小镇。我的目标是解开这个迷局，还原真相。在艾莉森的书店，我第一次见到了她的朋友们，他们个个神色黯然，情绪低落。其中，有两个人引起了我的注意：一位是艾莉森的青梅竹马，名叫詹姆斯·安德森的年轻画家；另一位是艾莉森的生意伙伴，名叫维多利亚·莱特的中年女性。

我请两位关键人物留在书店，开始调查案发现场。在艾莉森的办公室里，我发现了一本日记，里面记录了她对两位疑似心腹的怀疑。她提到了詹姆斯·安德森对于书店未来的意见不和她一致，以及维多利亚·莱特最近的种种怪异行为。

为了更深入地了解这两位嫌疑人，我与詹姆斯·安德森单独交谈。詹姆斯坦言，他确实对书店未来有一些不同的看法，但他断然否认与艾莉森之间有任何矛盾。此外，他表示自己当晚一直在画室创作，有数位证人可以证实。

图19-4　ChatGPT编写推理小说示例

接下来，我转向维多利亚·莱特。她在办公室里显得紧张而不安。她解释说，她最近确实有些压力，因为书店的生意不如预期，但她坚称自己并没有对艾莉森怀有敌意。她声称案发当晚曾离开书店一段时间，去附近的咖啡店小坐，直到听到警报才赶回来。

在接下来的调查中，我发现了一些线索。首先，书店的监控录像显示詹姆斯·安德森确实在画室工作，与他的说法相符。但是，维多利亚·莱特在监控录像中的行踪却无法查明，这引起了我的怀疑。

我决定对维多利亚进行更深入的调查，了解她在案发当晚的一系列活动。通过问问附近咖啡店的服务员，我得知维多利亚确实在案发当晚来过，但她离开的时间比她所说的晚得多。这让我对她的证词产生了质疑。

最后，我在维多利亚的办公室里找到了一个被遗忘的手提包。在打开手提包的瞬间，我发现了一个血迹斑斑的刀子，与案发现场的凶器一模一样。维多利亚·莱特的面色瞬间变得苍白。

在审讯中，维多利亚承认了她与艾莉森之间的商业纠纷，并且她为了保护自己的利益而铤而走险。她选择在案发当晚利用混乱的时机将艾莉森置于绝境，然后趁机行凶。最终，维多利亚·莱特在法庭上被判有罪，正义得以伸张。

这是一个复杂而令人费解的案件，而我，推理小说家亚瑟·哈罗德，通过剖析人物心理和逻辑推理，成功解开了这个小镇上的离奇之谜。

📄 👎 🔁

图19-4　ChatGPT编写推理小说示例（续）

080 / 现实小说范例

现实小说是指取材于现实生活，并如实反映客观现实的文学体裁。这类小说并非像纪录片一样将生活中正在发生的事原原本本地记录下来，而是力求客观地再现典型环境中的典型人物，从典型中窥探、反映现实。

用户运用 ChatGPT 生成现实小说，重在让 ChatGPT 刻画出丰满的人物和描述事件、环境的细节，必要时可以采用以下指令模板进行提问。

你的角色是一名作家，擅长 ×××。现在需要你根据关键词来虚构一篇 × 字的小说，关键词为 ×××、×××、×××……

采用指令模板让 ChatGPT 生成现实小说示例如图 19-5 所示。

CH　你的角色是一名作家，擅长从现实生活中取材来虚构故事。现在需要你根据关键词来虚构一篇800字的小说，关键词为水果摊、牛奶、海水

图19-5　ChatGPT生成现实小说示例

夏日的阳光如热情的情人，热烈地倾泻在城市的街头巷尾。在这个骄阳似火的午后，我发现了一个不寻常的水果摊，它坐落在繁忙的街头，似乎散发着神秘的吸引力。

这个水果摊位不同于一般的水果摊，它摆满了各种水果，有着诱人的颜色和诱人的香气。我靠近摊位，被琳琅满目的水果所吸引，有着各式各样的苹果、橙子、葡萄、草莓和更多其他品种。但最引人注目的是一个摆放在水果摊中央的牛奶瓶。

这瓶牛奶看起来非常特别，它是一个古老的玻璃瓶，瓶子上还残留着一些沙砾，仿佛有着几十年的历史。牛奶瓶的盖子上还写着："神奇的海洋牛奶，只需一口，你将踏上奇幻之旅。"这些神秘的字眼引起了我的好奇心。

水果摊的主人是一个年迈的男子，脸上挂着亲切的笑容。他的名字叫亚历克斯，据说他是这座城市里最神奇的水果摊主。我好奇地问他关于那瓶牛奶的故事。

亚历克斯坐下来，开始讲述一个关于他和那瓶牛奶的故事。很久以前，他是一名年轻的渔夫，每天都在海上劳作。有一天，他遇到了一场海上风暴，船只沉入了深海。亚历克斯被大浪卷入深渊，他以为自己已经走到了生命的尽头。

然而，当他再次醒来时，他发现自己躺在一个美丽的沙滩上，阳光明媚，海水碧蓝。在他身边，有一瓶牛奶，正好摆放在他的手边。亚历克斯饥渴难耐，打开瓶盖，喝了一口牛奶。那一刻，他的生命发生了巨大的变化。

亚历克斯的身体变得年轻而健康，他的皮肤光滑如新，精力充沛。最令他惊讶的是，他发现自己可以理解海洋的语言，可以与海中的生物交流。他成了海洋的守护者，与海龟、海豚、鱼群等生物成为亲密无间的朋友。

在那片神奇的海洋中，亚历克斯学到了很多关于自然界的知识，也发现了许多珍贵的宝藏。他用海水和各种水果制成了这瓶神奇的海洋牛奶，以分享自己的经历和知识。

听完这个故事，我决定尝试一口这瓶神奇的海洋牛奶。亚历克斯小心翼翼地打开瓶盖，倒出一小杯牛奶。我拿起杯子，喝下了一口。

牛奶的味道鲜美无比，带着海水的咸香，还有一丝水果的甜味。我感到一股能量涌入了我的身体，仿佛自己也踏上了一场奇幻之旅。

随着牛奶一口一口被喝光，我开始感到一种奇妙的变化。我的感官似乎变得更加敏锐，我可以听到远处海浪的声音，看到海底的美丽景色，甚至与海洋生物进行思想交流。我不再是一个普通的城市居民，而是成为海洋的一部分。

我向亚历克斯道谢，然后告别了他的水果摊。我踏上了一场充满冒险和奇迹的旅程，与海洋的生物一起探索未知的世界。

从那以后，每当我渴望冒险和新奇，我就会回到那个水果摊，喝上一口神奇的海洋牛奶，重新融入那个神秘的海洋世界。这个小小的水果摊成了我生活中最珍贵的秘密，也是我创作故事的源泉，因为在那里，每一次品尝都是一次不同寻常的冒险。

图19-5　ChatGPT生成现实小说示例（续）

　　用户在让 ChatGPT 生成现实小说时，可以在赋予 ChatGPT 身份时添加"现实主义"字眼，以确保 ChatGPT 对现实小说有一定的定位，从而生成有参考性的现实小说内容。

081 / 历史小说范例

　　历史小说是一种以虚构或改编历史故事为题材的文学体裁。其通过虚构或刻画历史人物或事件来再现某一历史时期的生活面貌和发展状况。历史小说被要求基于历史事实，但又可以进行适当的虚构、想象与概括，因此在一定程度上，既可以满足读者对历史知识学习的需求，又可以激发读者的阅读兴趣。

运用 ChatGPT 可以为用户提供创作历史小说的灵感，必要时可以采用以下指令模板进行提问。

你的角色是一名作家，擅长改编历史故事。现在需要你根据 ××× 这一历史事件，进行合理地虚构或改编，创作一篇 × 字的历史小说

采用指令模板让 ChatGPT 生成历史小说示例如图 19-6 所示。

你的角色是一名作家，擅长改编历史故事。现在需要你根据"赤壁之战"这一历史事件，进行合理的虚构或改编，创作一篇500字的历史小说

在那个战火纷飞、英雄辈出的岁月，江山如画，君臣如亲。赤壁之战，乃是一段波澜壮阔的历史篇章，而我将从另一个角度，以虚构的方式重新演绎这段历史。

曹操，统一北方的雄才大略者，鹰视狼顾，欲图南下一统天下。而刘备与孙权则联袂抗曹，苦肉计量以实现孙刘联军的大业，却也使曹操陷入信任的泥潭。

在这个虚构的版本中，刘备派遣卧龙诸葛亮前往曹营，以谋取联军更大利益。诸葛亮化身智者，装扮成一名渔夫，悠然自得地进入曹操大营。他巧妙地利用自身的名气，以渔夫之姿游走在曹军之中，观摩曹操的用兵之法。

诸葛亮的到来引起了曹操的兴趣，他命人请这位智者前来共谋大计。诸葛亮扮演得淋漓尽致，以沉稳睿智的言辞为曹操出谋划策，一度让曹操觉得他真的是个久违的知己。曹操因此在行军布阵上深受诸葛亮的影响，不自觉地陷入了他精心设计的局中。

而联军方面，刘备与孙权也早已得知了诸葛亮的行动，他们默契地按兵不动，等待着诸葛亮在曹操大营内播下的种子发芽。曹操的军队因为得到了渔夫诸葛亮的谋略，自以为稳操胜券，一片得意之色。

然而，关键时刻终于到来。在曹军行军的途中，他们陷入了被联军埋伏的谷地。联军将士们激起了斗志，奋力出击。诸葛亮则在关键时刻放下渔夫的外衣，执掌联军大旗，率领联军如猛虎出笼，瞬间瓦解了曹军的阵势。

曹操惊愕之际，方寸大乱。在混乱中，他渐渐意识到被智者诸葛亮所愚弄。然而，已经无法挽回。联军乘胜追击，曹军溃不成军。

这场虚构的赤壁之战，最终因诸葛亮巧妙的谋略而告终。联军战胜曹操，稳定了南方的格局。而这段历史，也因为这个巧妙的虚构而多了一份神秘与传奇。

请你充当英汉互译器。当我输入中文时，你需要运用英文的语法结构对我的语句进行翻译，并使用中文标注出该段英文中的时态、从句、主语、谓语、宾语、表语、特殊词组或谚语；而当我输入英文时，你需要运用中文的语法结构对我的语句进行翻译。我的第一句话是"人生若只如初见，何事悲秋画扇"

图19-6　ChatGPT生成历史小说示例

第 20 章　故事创作指令与范例

　　故事是人们喜闻乐见的文学体裁之一，具有引人入胜的特点。好的故事可以让讲故事的人酣畅淋漓，让听故事的人津津有味。运用 ChatGPT，用户可以获得源源不断的创作故事的灵感，也可以积累更多有趣的故事。

扫码看视频

　　故事往往情节出彩、引人入胜，能够起到教育的作用，尤其是在家庭教育中发挥着重要的作用。当用户需要讲故事时，可以让 ChatGPT 充当故事专家，提供适合特定年龄和特定风格的故事。

　　本节将以让 ChatGPT 生成童话故事为例，介绍使用 ChatGPT 编写故事的操作步骤。

　　STEP 01 赋予身份，提出需求：在 ChatGPT 输入框中输入指令，如"假设你是儿童文学作家，擅长编写童话故事，请提供一个适合 5 岁小朋友的故事"，让 ChatGPT 根据需求编写故事，然后按 Enter 键确认，ChatGPT 即会生成童话故事，如图 20-1 所示。

故事标题：小熊和彩虹的冒险

从前，有一只可爱的小熊，名叫泰迪。泰迪是一个非常好奇的小熊，他总是想要去探索新的事物。一天，当他在森林里漫步时，他看到了一道美丽的彩虹。

"哇！"泰迪惊叹地说，"我从来没有见过这么美丽的彩虹！"

泰迪决定跟随彩虹的尾巴，看看它会把他带到哪里。他一步一步地跟着彩虹，走进了一个神奇的森林。在这个森林里，树木高大，花朵五颜六色，而且还有各种奇怪的生物。

泰迪遇到了一只橙色的兔子，兔子在跳舞，唱歌，非常开心。

"嗨，小兔子！"泰迪说，"你为什么这么开心？"

小兔子回答说："因为这个森林里的一切都是如此美妙！每一天都是一个新的冒险！"

泰迪觉得很高兴，于是他决定和小兔子一起玩。他们一起跳舞，唱歌，还一起探索了森林里的秘密角落。在森林中，他们还遇到了一棵会说话的树和一只善良的蝴蝶。

一天，他们遇到了一只魔法鸟，它可以实现一个愿望。

"我希望我可以回到家，"泰迪说。

魔法鸟点了点头，发出了美丽的音乐。泰迪闭上眼睛，当他再次睁开眼睛时，他发现自己回到了家中。

"哇，这是一个惊人的冒险！"泰迪高兴地说。

从那以后，泰迪变得更加喜欢探险了，但他也知道家才是最温暖的地方。每当他想起那个神奇的彩虹森林时，他都会微笑。

这就是小熊泰迪和彩虹的冒险故事。故事告诉我们，虽然冒险很有趣，但家永远是最温暖的地方。

图20-1　ChatGPT生成的童话故事

　　STEP 02 提出要求，修改故事：在输入框中继续输入指令，如"请根据'熊猫''探险'这两个关键词，修改故事，增加故事的新奇感"，然后按 Enter 键确认，ChatGPT 即会按照要求修改故事，如图 20-2 所示。

故事标题：小熊猫的神秘探险

从前，有一只叫作悠悠的小熊猫。悠悠是一只非常好奇的小熊猫，他总是对大自然充满了好奇心。有一天，当他在竹林里玩耍时，他看到了一个神秘的地方，那里有一座古老的石门。

"哇！"悠悠惊叹地说，"这是什么地方？我从来没有见过这么奇怪的门！"

悠悠决定走进门，探个究竟。他小心翼翼地推开了门，发现了一个通往未知世界的秘密通道。通道一片漆黑，但悠悠勇敢地踏出了第一步。

当他继续前行时，他发现自己来到了一个神奇的地方——一片闪烁着五彩光芒的竹林。这些竹子不同寻常，它们会发出美妙的音乐，每一片竹叶都有不同的颜色。

悠悠遇到了一只叫作彩虹的小鸟，它是这个竹林的守护者。彩虹告诉悠悠，这个竹林是一个神秘的地方，只有纯心善良的动物才能进入。

"你是一个有勇气和善良的小熊猫，"彩虹说，"所以你能留在这里探险。"

悠悠非常高兴，他和彩虹一起玩耍，跳舞，还一起探索了竹林里的秘密角落。在竹林中，他们还遇到了一只智慧的大熊猫和一只能发光的蝴蝶。

但是，悠悠也知道自己需要回家。他告别了新朋友，回到了那扇神秘的石门前。他推开门，回到了自己的竹林。

"这是一次令人难忘的冒险，"悠悠高兴地说。

从那以后，悠悠变得更加勇敢和善良了，他知道自己可以随时探索新的奇妙世界，但家才是他永远的港湾。

这就是小熊猫悠悠的神秘探险故事，故事告诉我们，勇气和善良会带来令人惊奇的冒险。

图20-2　ChatGPT按照要求修改故事

用户还可以让 ChatGPT 对经典的童话故事进行改编，生成新奇有趣的童话故事，或者让 ChatGPT 在故事中融入一些哲理，达到教育的目的。

083 寓言故事范例

寓言故事是一种独特的说理方式，它通过编写富有深意的故事来传达人生道理和智慧。相较于单纯的说教，寓言故事更易于被人们接受和理解，其所蕴含的道理和智慧常常能够给人留下深刻的印象。

用户运用 ChatGPT 编写寓言故事时可以采用以下指令模板进行提问。

假设你是一名作家，擅长编写寓言故事，请提供一个关于 ××× 的寓言故事

采用指令模板让 ChatGPT 编写寓言故事的示例如图 20-3 所示。

假设你是一名作家，擅长编写寓言故事，请提供一个关于贪婪的寓言故事

故事标题：《贪婪的狐狸》

从前，有一只名叫雷诺的狐狸，他以贪婪而著名。无论在森林中还是在田野里，雷诺总是试图夺取他人的食物和财宝。

一天，雷诺听说了一只狡猾的兔子名叫奥利弗有一颗珍贵的红宝石。传说中这颗红宝石具有神奇的力量，能够带来无尽的幸福和财富。雷诺立刻产生了强烈的贪婪之心，决定偷走奥利弗的红宝石。

雷诺开始监视奥利弗的洞穴，等待一个机会。不久之后，他发现了奥利弗一个疏忽，奥利弗离开了他的洞穴，留下了红宝石。雷诺高兴地冲了进去，抓住了红宝石，然后逃离了奥利弗的洞穴。

然而，正当雷诺沾沾自喜之际，一阵强烈的闪光从红宝石中爆发出来，将他困在了原地。一只智慧的老狐狸，名叫艾伦，正好路过，看到了雷诺的窘境。

艾伦对雷诺说："雷诺，你的贪婪最终导致了你的困境。这颗红宝石并不是普通的宝石，它是受保护的宝物，只有那些懂得分享和珍惜的人才能拥有它。"

雷诺意识到了自己的错误，开始反思自己的贪婪行为。他请求艾伦帮助把他释放出来，并答应归还红宝石。艾伦使用他的智慧找到了解除红宝石封印的方法，并释放了雷诺。

雷诺归还了红宝石给奥利弗，并向他道了歉。奥利弗慷慨地原谅了雷诺，因为他看到了雷诺的改变。从那以后，雷诺不再贪婪，而是成为一只懂得分享和珍惜的狐狸。他学到了贪婪的代价，也明白了友情和善良的重要性。

这个故事告诉我们，贪婪只会带来短暂的快乐，最终会导致困境和孤独。与此相反，分享和珍惜会带来真正的幸福和友情。

图20-3　ChatGPT编写寓言故事示例

084 / 讽刺故事范例

讽刺故事是指通过夸张、嘲讽、反讽等手法，揭露人性的弱点、愚蠢和虚伪的故事形式。这类故事通常以真实生活中的典型人物或事件为原型，运用夸张手法来虚构事件，突出荒诞、可笑的特征。用户向 ChatGPT 发出指令，可以获得 ChatGPT 生成的讽刺故事。

用户运用 ChatGPT 编写讽刺故事时可以采用以下指令模板进行提问。

假设你是一名作家，擅长运用语言文字编写带有讽刺性的故事，请提供一个讽刺×××的故事

采用指令模板让 ChatGPT 编写讽刺故事的示例如图 20-4 所示。

CH　假设你是一名作家，擅长运用语言文字编写带有讽刺性的故事，请提供一个讽刺某个人物非常抠门的故事

曾经有一个名叫弗雷德的男人，他是整个小镇闻名的吝啬鬼。弗雷德的吝啬之处不仅仅体现在他对金钱的态度上，还表现在他的一切生活习惯中。

弗雷德每天都会步行到超市，因为他觉得搭乘公交车会浪费金钱。他会在超市里一遍又一遍地寻找最便宜的商品，然后再花费大量的时间计算哪个品牌的商品在优惠券的帮助下更划算。有一次，他花了整整一个小时比较两种不同品牌的卫生纸，最终只省下了几毛钱。

弗雷德的吝啬还表现在他的饮食上。他会在餐厅点最便宜的菜肴，然后要求分成两份，一份吃一份带回家。有一次，他去了一家意大利餐馆，点了一份意大利面，然后要求将意面分成两半，一半放进了塑料袋，然后放进了口袋里。

弗雷德的朋友们常常让他去参加社交活动，但他总是找各种借口拒绝。他说他不想浪费时间和钱在无谓的聚会上，而宁愿待在家里看电视。他的家里也是一副吝啬的景象，家里几乎没有家具，只有一张破旧的沙发和一张摇摇欲坠的桌子。

最令人讽刺的是，他去世的那天，人们发现他的房子里堆满了存款单和金银珠宝。原来，他一直在积累财富，但却不肯享受生活。人们不禁感叹，弗雷德一生都过得如此吝啬，最终却带着所有的财富离世，一分钱也没花在自己身上。

这个故事告诉我们，吝啬过头可能会让人失去生活的乐趣和人际关系，最终成为一个令人讽刺的笑柄。

图20-4　ChatGPT编写讽刺故事示例

在一些经典的作品中，也会出现给人印象深刻的人物形象，如《儒林外史》里的严监生、《威尼斯商人》中的夏洛克等。用户在运用 ChatGPT 编写讽刺故事时，可以让 ChatGPT 借鉴或模仿经典的人物形象来塑造新的人物，以编写出更具讽刺意味的故事。

085　哲理故事范例

哲理故事是指通过生动形象的人物、事件和情节来展现一些具有普遍意义的人生道理或智慧的故事形式。哲理故事能够使人在轻松的阅读中获得启发与感悟，从而帮助人们更好地认识自己和世界。用户运用 ChatGPT 可以获得 AI 生成的哲理故事。

用户运用 ChatGPT 编写哲理故事时可以采用以下指令模板进行提问。

假设你是一名作家，擅长×××，请你提供一个关于×××，带有哲理性的故事

采用指令模板让 ChatGPT 编写哲理故事的示例如图 20-5 所示。

假设你是一名作家，擅长用故事表达思想和看法，请你提供一个关于"人生最重要的是活在当下"这个主题，带有哲理性的故事

故事标题：时间的礼物

很久以前，在一个遥远的村庄里，住着一个年老的智者，名叫艾哈迈德。他以超人的智慧和快乐的心态而闻名，村里的人们常常前来请教他有关生活的问题。

有一天，一个年轻人叫作阿里来到艾哈迈德的小屋，他满脸忧虑，眼神中充满焦虑。他对艾哈迈德说："智者，我觉得生活充满了焦虑和不安。我总是在担心未来，而且过去的错误也让我感到内疚。我不知道该如何面对生活。"

艾哈迈德微笑着看着年轻人，说："阿里，我要告诉你一个关于时间的故事。很久以前，有一个年轻的王子，他总是在为国家的未来和政治问题而忧虑，他的内心充满了焦虑。他决定寻求智者的帮助。"

"那位智者告诉他，时间是一个神秘的礼物，它有着神奇的力量。然后，智者递给王子一个金色的沙漏，告诉他每天都要翻转一次。"

"这个沙漏有一个特别之处，它只能显示当下这一刻的时间。过去的时间和未来的时间都是空白的。王子开始每天翻转沙漏，逐渐地，他学会了专注于当下。他不再担心未来的政治问题，也不再忧虑过去的错误。"

"王子变得更加平静和满足，他的国家也变得更加繁荣。人们都惊讶地发现，他的眼神中充满了智慧和快乐。"

阿里听完了故事，感到很困惑："但智者，我明白了时间的重要性，但我如何才能像那位王子一样活在当下？"

艾哈迈德微笑着回答："阿里，活在当下并不意味着忘记过去或忽视未来。它意味着在每个瞬间都全身心地投入，珍惜眼前的经历和人际关系。每天都要像翻转那个沙漏一样，专注于现在，用心感受生活的美好。"

阿里领悟了艾哈迈德的教导，他回到村庄，开始实践活在当下的智慧。随着时间的推移，焦虑逐渐离他而去，他变得更加平静和快乐。他学会了欣赏每一个瞬间，因为每个瞬间都是时间的珍贵礼物。

这个故事告诉我们，人生最重要的是活在当下，珍惜每一刻。过去已经过去，未来尚未到来，唯一能够改变的是现在。活在当下，是一种珍贵的智慧，能够带来内心的平静和快乐。

图20-5 ChatGPT编写的哲理故事示例

第 21 章　外语翻译指令与范例

ChatGPT 可以充当翻译助手，将不同外语翻译为中文，这一功能可以满足学生、老师、翻译者、法律工作者等不同身份的人的需求，例如，学生可以让 ChatGPT 帮忙纠正英语语法。本章将介绍将 ChatGPT 用于外语翻译的指令与范例。

086 / 指令应用步骤

ChatGPT 具备外语翻译功能，能够支持多门语言之间的互译。外语翻译对于母语不同的人之间的交往具有重要意义，能够使不同国家的人们互通往来，也能够促进不同国家之间的交流与合作。

本节将以让 ChatGPT 充当翻译助手给外国笔友回信为例，介绍使用 ChatGPT 进行外语翻译的操作步骤。

STEP 01 提出要求，翻译来信：在 ChatGPT 输入框中输入指令，如"请将以下外国笔友的信翻译为中文（另起一行，提供信的内容）"，然后按 Enter 键确认，ChatGPT 即会按照要求翻译文本，如图 21-1 所示。

亲爱的中国笔友，

希望你能收到这封信，我写来与你分享我对西方文学的热情。我目前是瑞士伯尔尼大学的大二学生，正在研究这个主题。

从小我就对西方文学丰富多彩的世界充满了兴趣。莎士比亚、狄更斯和陀思妥耶夫斯基的作品深深地激发了我的想象力，深深地触动了我。每位作家都有一种独特的方式来探索人类的情感、社会以及生活的意义，这让我无尽地着迷。

我最喜欢西方文学的原因之一是它能够超越时间和文化。无论是伊丽莎白时代还是工业革命时期，这些故事中的主题和角色都在个人层面上引起了我的共鸣。我特别欣赏莎士比亚的悲剧，它们对人性及其复杂性提供了宝贵的见解。

我还发现西方文学中使用的各种风格和技巧也令我着迷。从伊丽莎白时代的十四行诗到现代实验小说，每一部作品都展现了独特的艺术表达。这种多样性使我有机会欣赏到不同作者如何在几个世纪的时间里探索叙事艺术的深度和广度。

作为一名研究西方文学的学生，我努力深化对这门令人难以捉摸的艺术形式的理解。我最近完成了一篇关于哥特文学流派及其对现代文学的影响的研究论文。这个项目要求我深入研究布拉姆·斯托克和奥斯卡·王尔德等人的作品，我欣赏到了他们的创造力是如何受到哥特传统的可怕和超自然元素的启发的。

总之，研究西方文学成为我学术之旅中不可或缺的一部分。它不仅拓宽了我的视野，还激发了我进行批判性思考的能力，成为我理解人类状况的宝贵窗口。我深感荣幸能够拥有这个机会深入研究这一主题，并期待在未来的岁月里继续这一旅程。感谢你抽出宝贵的时间阅读我的信，我热切地期待着你分享对于中国文学的研究经历，并希望有一天我们可以共同探讨和比较我们各自文学传统的注解。

致以最诚挚的问候，
李

图21-1　ChatGPT按照要求翻译的文本

STEP 02 赋予身份，撰写回信：在输入框中继续输入指令，如"请充当中国笔友李华，用英文给 Lee 写一封回信，主题为说明自己对西方文学的热爱"，然后按 Enter 键确认，ChatGPT 即会按照要求撰写回信，如图 21-2 所示。

Dear Lee,

I hope this letter finds you in good health and high spirits. It was truly delightful to receive your letter and read about your passion for Western literature. I share a similar enthusiasm for the world of literature, and I'm excited to have the opportunity to correspond with someone who appreciates it as much as I do.

Allow me to introduce myself. My name is Li Hua, and I'm a freshman majoring in Literature at a university here in China. Just like you, I have been captivated by the magic of literature since a young age. The works of Shakespeare, Dickens, and other Western authors have always held a special place in my heart. Their ability to explore the complexities of human nature, society, and life itself is truly remarkable.

As a Literature major, I have just embarked on my academic journey, and I'm eager to delve deeper into the world of Western literature. I find it fascinating how different authors from various time periods and backgrounds have contributed to the rich tapestry of Western literature. From the romanticism of the Brontë sisters to the existentialism of Camus and Sartre, each era and genre offers its unique insights and perspectives.

Currently, I am taking a course on Shakespearean literature, and I am thoroughly enjoying the profound themes and timeless characters in his plays. It's incredible how Shakespeare's works continue to resonate with audiences around the world, transcending both time and cultural boundaries.

I look forward to exchanging thoughts and ideas about literature with you in our future correspondence. It would be wonderful to discuss the works of Western authors and explore the differences and similarities between Chinese and Western literature. Perhaps we can even recommend some must-read books to each other.

Once again, thank you for reaching out, Lee. I'm excited about the prospect of our literary discussions and hope to learn from your insights into Western literature.

Best Regards,
Li Hua

图21-2　ChatGPT按照要求撰写的回信

087 语法纠正范例

在外语学习中，不单单认识和识记单词很重要，掌握语法也同样重要。语法是语言学习中遣词造句的规则，掌握了语法，才能更好地习得一门语言。ChatGPT 的运用，可以帮助用户纠正语法，提高语法学习效率。

用户运用 ChatGPT 进行语法纠正时可以采用以下指令模板进行提问。

请你充当一名 ××× 老师，按照 ××× 语法规则，帮我检查以下文本，纠正我的语法错误（另起一行，提供文本内容）

采用指令模板让 ChatGPT 进行语法纠正的示例如图 21-3 所示。

> CH 请你充当一名英语老师，按照英语的语法规则，帮我检查以下文本，纠正我的语法错误
> The wind on this city is strong, that the lonely people always come home late.

> 你的句子有一些语法错误，我来帮你纠正：
>
> "The wind in this city is strong, so the lonely people always come home late."
>
> 这里我做了两处修改：
>
> 1. 将 "on" 改为 "in"，因为我们通常使用 "in" 来表示风的位置。
> 2. 在 "strong" 后面添加 "so"，以表明原因和结果的关系，使句子更连贯。

图21-3　ChatGPT进行语法纠正示例

用户在使用 ChatGPT 纠正语法时，还可以以对话的方式进行，用一问一答的形式，让 ChatGPT 在对话中帮助纠正语法、错字等。

088　英汉互译范例

在外语翻译中，英汉互译是常见的形式，因为英语的使用范围最广，汉语的使用人数最多，因此在文献资料、旅游场景等情形中，常常会出现英汉互译的文本。用户可以通过与 ChatGPT 对话来实现英汉互译。

用户运用 ChatGPT 进行英汉互译时可以采用以下指令模板进行提问。

请你充当英汉互译器。当我输入中文时，你需要运用英文的语法结构对我的语句进行翻译，并使用中文标注出该段英文中的时态、从句、主语、谓语、宾语、表语、特殊词组或谚语；而当我输入英文时，你需要运用中文的语法结构对我的语句进行翻译。我的第一句话是 ×××

采用指令模板让 ChatGPT 进行英汉互译的示例如图 21-4 所示。

> CH 请你充当英汉互译器。当我输入中文时，你需要运用英文的语法结构对我的语句进行翻译，并使用中文标注出该段英文中的时态、从句、主语、谓语、宾语、表语、特殊词组或谚语；而当我输入英文时，你需要运用中文的语法结构对我的语句进行翻译。我的第一句话是"人生若只如初见，何事悲秋空画扇"

> Life, if only as the first sight, why does the autumn wind mourn the painted fan?
> （时态：Present tense 现在时，从句：如果只是初次相见的话（if only as the first sight），主语：人生（Life），谓语：若（if），宾语：只如初见（only as the first sight），表语：何事秋风悲画扇（why does the autumn wind mourn the painted fan））

图21-4　ChatGPT进行英汉互译示例

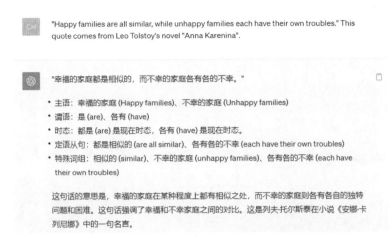

"Happy families are all similar, while unhappy families each have their own troubles." This quote comes from Leo Tolstoy's novel "Anna Karenina".

"幸福的家庭都是相似的，而不幸的家庭各有各的不幸。"

- 主语：幸福的家庭 (Happy families)、不幸的家庭 (Unhappy families)
- 谓语：是 (are)、各有 (have)
- 时态：都是 (are) 是现在时态，各有 (have) 是现在时态。
- 定语从句：都是相似的 (are all similar)、各有各的不幸 (each have their own troubles)
- 特殊词组：相似的 (similar)、不幸的家庭 (unhappy families)、各有各的不幸 (each have their own troubles)

这句话的意思是，幸福的家庭在某种程度上都有相似之处，而不幸的家庭则各有各自的独特问题和困难。这句话强调了幸福和不幸家庭之间的对比。这是列夫·托尔斯泰在小说《安娜·卡列尼娜》中的一句名言。

图21-4　ChatGPT进行英汉互译示例（续）

用户在让 ChatGPT 将中文翻译为英文时，可以在指令中要求 ChatGPT 标注出主语、谓语、宾语、从句等语法结构，使用户获得翻译的同时，也能够学习一定的英语语法知识。

089　发音助手范例

在外语的学习中，用户还可以让 ChatGPT 充当发音助手，让其提供某个外语词汇的音标，从而准确地读外语词汇。

用户让 ChatGPT 充当发音助手时可以采用以下指令模板进行提问。

请你充当一个专业的外文发音助手，当我输入单词或句子时，向我提供×××（外语）音标。我的第一个单词或句子是【×××】

采用指令模板让 ChatGPT 充当发音助手的示例如图 21-5 所示。

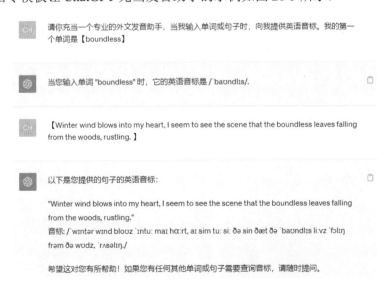

请你充当一个专业的外文发音助手，当我输入单词或句子时，向我提供英语音标。我的第一个单词是【boundless】

当您输入单词 "boundless" 时，它的英语音标是 /ˈbaʊndlɪs/.

【Winter wind blows into my heart, I seem to see the scene that the boundless leaves falling from the woods, rustling. 】

以下是您提供的句子的英语音标：

"Winter wind blows into my heart, I seem to see the scene that the boundless leaves falling from the woods, rustling."
音标：/ˈwɪntər wɪnd bloʊz ˈɪntuː maɪ hɑːrt, aɪ siːm tuː siː ðə sin ðæt ðə ˈbaʊndlɪs liːvz ˈfɔːlɪŋ frəm ðə wʊdz, ˈrʌsəlɪŋ./

希望这对您有所帮助！如果您有任何其他单词或句子需要查询音标，请随时提问。

图21-5　ChatGPT充当发音助手示例

第 22 章　创意设计指令与范例

在创意设计工作中，灵感通常可遇不可求，给人缥缈、抽象的感觉，并且常常受限于人的学识、经验。运用 ChatGPT，用户可以获得更为开放的设计灵感和更有创意的设计思路。本章将介绍将 ChatGPT 用于创意设计的指令与范例。

指令应用步骤

扫码看视频

游戏人物设计是游戏开发中必不可少的环节，有记忆点、给人留下深刻印象的游戏人物可以让游戏增加热度、获得盈利。因此，游戏人物的设计需要设计师开发脑洞、展开联想、大胆创新。ChatGPT 可以为设计师提供一些灵感。

本节将以让 ChatGPT 提供游戏人物设计灵感为例，介绍使用 ChatGPT 协助用户创意设计工作的操作步骤。

STEP 01 赋予身份，询问建议：在 ChatGPT 输入框中输入指令，如"请你充当游戏设计师，根据设计经验为一款养成式游戏提供人物设计的灵感"，然后按 Enter 键确认，ChatGPT 即会给出游戏人物设计的灵感，如图 22-1 所示。

> 当设计一个养成式游戏的人物时，你需要考虑人物的性格、外貌、背景故事以及与游戏玩法的关联。以下是一些灵感，希望能帮助你设计一个引人入胜的游戏角色：
>
> 1. **角色性格**
>   - **乐观向上**：玩家可能会更愿意与一个充满活力和乐观精神的角色互动，这种角色能够鼓励玩家在游戏中坚持下去。
>   - **复杂性格**：让角色拥有多层次的性格，包括优点和缺点，以增加玩家的共鸣和情感投入。
> 2. **外貌特征**
>   - **奇特造型**：为角色设计独特的外貌，可能包括夸张的服装、发型或身体特征，以引起玩家的注意。
>   - **可定制性**：考虑为玩家提供一些自定义选项，让他们能够根据自己的喜好调整角色的外貌。
> 3. **背景故事**
>   - **悲喜交加**：为角色编写一个引人入胜的背景故事，包括成功和挫折，以吸引玩家的情感。
>   - **目标与抱负**：让角色有明确的目标和抱负，玩家可以帮助他们实现，这将增加玩家的参与感。
> 4. **与玩法的关联**
>   - **技能成长**：角色的个性特征可以与游戏玩法相结合，例如，如果你的游戏涉及冒险和战斗，角色可以拥有特殊的技能或能力，这些技能会随着游戏的进展而逐渐提升。
>   - **互动机制**：为角色设计丰富的对话和互动选项，以使玩家能够更深入地了解他们，建立情感联系。
> 5. **故事情节**
>   - **个人成长**：让角色在游戏中经历个人成长和变化，与玩家一起走过重要的生活时刻。
>   - **冲突与合作**：引入与角色相关的冲突和合作机会，以推动故事的发展。

图22-1 ChatGPT给出的游戏人物设计的灵感

STEP 02 描述背景，细化建议：在输入框中继续输入指令，如"假设游戏背景为武侠故事，请提供设计主要人物外貌的建议"，然后按 Enter 键确认，ChatGPT 即会按照要求提供具体的设计建议，如图 22-2 所示。

在武侠故事的背景下，主要人物的外貌设计需要强调他们的武艺、性格特征以及故事背景。以下是设计主要人物外貌的一些建议：

1. 服饰
   - **武侠服装**：主要人物的服装应该具有武侠风格，如长袍、宽松的裤子、皮带、战靴等。这些服饰可以反映他们的武术流派和身份。
   - **颜色**：选择具有鲜明对比度的颜色，例如深色的外衣和浅色的内衣，以突出主要人物的特殊地位。

2. 发型
   - **长发飘逸**：男性主要人物可以拥有长而飘逸的发型，女性主要人物则可以有各种风格的发型，如长辫子或盘发。
   - **头饰**：考虑为主要人物设计头饰，如发簪、发夹、头巾或帽子，以增加他们的独特性。

3. 面容特征
   - **疤痕或刺青**：一些主要人物可以拥有在战斗中获得的疤痕或代表身份的刺青，这些特征可以反映他们的经历和故事。
   - **眼睛**：通过主要人物的眼神表现出他们的坚韧、决心或秘密。

4. 武器和道具
   - **武器风格**：根据主要人物的武艺，为他们设计特定类型的武器，如剑、刀、拳套、弓箭等。武器的外观可以反映主要人物的个性。
   - **特殊道具**：考虑为每个主要人物设计一些特殊的道具，这些道具可以在游戏中发挥重要作用。

5. 表情与姿态
   - **自信的表情**：主要人物通常应该表现出自信、冷静和坚定的表情，但也可以在特殊情况下展现其他情感。
   - **战斗姿态**：如果游戏中有战斗元素，设计主要人物的战斗姿态，以显示他们的战斗技能和风采。

图22-2　ChatGPT提供的具体的设计建议

可以看出，用户提供更多关于游戏人物设计的信息，ChatGPT 即可提供更有实操性和更为具体的设计灵感，因此用户在提问时，应尽可能多地提供游戏信息给 ChatGPT。

091　服装设计灵感范例

在创意设计中，服装设计也是需要灵感的设计类型。服装设计需要考虑穿衣场合、时尚特点、材料性能、服装工艺等要素，因此对设计师的要求较高。在 ChatGPT 的帮助下，服装设计师可以获得一些设计灵感，以减轻一些工作压力。

用户让 ChatGPT 提供服装设计灵感时可以采用以下指令模板进行提问。

请你充当一名服装设计师，根据以下信息提供一些设计灵感（另起一行，提供服装的相关信息）

采用指令模板让 ChatGPT 提供服装设计灵感的示例如图 22-3 所示。

请你充当一名服装设计师，根据以下信息提供一些设计灵感
小个子女生衬衣，适用于职场穿搭，轻熟风，带有小众感的细节设计

当设计一款适合小个子女生的职场衬衣时，轻熟风和小众感是关键要素。以下是一些设计灵感，可以帮助你打造一款独特的衬衣：

1. 剪裁和廓形
   - 修身的剪裁，强调女性的曲线，但不过于贴身，让人感到舒适。
   - 考虑添加腰部的褶皱或细节，以增加小巧身材的娇小感。
2. 领口设计
   - 选择经典的V领或修长的尖领，突出颈部线条。
   - 可以考虑在领口边缘或领口下方添加柔和的褶皱或蕾丝装饰，增加小众感。
3. 袖子和袖口
   - 考虑设计带有褶皱或泡泡袖的袖子，增加一些复古元素。
   - 袖口处可以添加一些小巧的褶皱或蕾丝装饰，使衬衣更有层次感。
4. 材质和颜色
   - 选择高质量的面料，如丝绸、光滑的棉质或天鹅绒，以增加衬衣的质感。
   - 考虑深色或中性色调，如深蓝色、深绿色或驼色，适合职场穿搭，同时也能凸显小众感。
5. 细节装饰
   - 在衬衣前襟、袖口或领口处添加小巧的珠片、亮片或刺绣，增加一些小众的独特感。
   - 可以在背部或领口后面添加小巧的蝴蝶结或蕾丝装饰，提升设计的特色。
6. 按钮和细节
   - 选择精致的纽扣，如珍珠纽扣、金属纽扣或复古风格的纽扣，以增加小众感。
   - 在肩部或背部设计特殊的开合方式，如拉链、交叉系带或装饰性的纽扣。

这些设计灵感可以帮助你打造一款独特且适合小个子女生的职场衬衣，融合了轻熟风和小众感的元素，让穿着者在职场中脱颖而出。

图22-3　ChatGPT提供服装设计灵感示例

092 珠宝设计灵感范例

珠宝设计是指设计饰品类工艺品，对设计师关于材料的认知和美感的把握有较高的要求。因珠宝常常被人们赋予某种纪念意义，所以珠宝不仅仅起到修饰的作用，还具有收藏价值，且越为稀有、独特的珠宝，价值越高。

由此，珠宝设计是急需灵感的活动，在 ChatGPT 的帮助下，设计师可以获得一些设计灵感。

用户让 ChatGPT 提供珠宝设计灵感时可以采用以下指令模板进行提问。

请你充当一名珠宝设计师，提供一些关于×××（爱情、友情等）主题的×××（项链、手链、戒指等）设计灵感

采用指令模板让 ChatGPT 提供珠宝设计灵感的示例如图 22-4 所示。

CH　请你充当一名珠宝设计师，提供一些关于友情主题的手链设计灵感

当设计友情主题的手链时，你可以参考以下一些灵感，以在珠宝中体现出友情的深刻情感：

1. **拼图手链**

   设计一套由不同形状的拼图块组成的手链，每块代表着一个友情的片段。每位朋友可以佩戴一块拼图，将它们组合在一起，以展示友情的完整画面。

2. **字母珠宝**

   制作一款手链，上面串满了朋友们名字的首字母。这可以是各种材质和颜色的珠宝字母，每个字母都代表着　个特殊的友情。

3. **锁与钥匙手链**

   制作一对手链，一条手链上有一个小锁，另一条手链上有一个小钥匙。这象征着友情的深度，只有两位朋友齐心协力才能打开这个特殊的锁。

4. **心形珠宝**

   设计一个心形的手链，可以分成两半。每位朋友都可以佩戴其中一半，当他们走在一起时，两半组合成一个完整的心形。

5. **情感表达手链**

   制作一款手链，上面雕刻了友情的象征，例如手牵手、拥抱或友情的座右铭。这些手链可以搭配有纹身效果的设计，增强表达友情的深刻情感。

6. **生肖手链**

   如果你和你的朋友有着相同的生肖，可以制作一款手链，上面镶嵌着生肖的图案或符号。这将是一个有趣的方式来强调你们之间的共同之处。

7. **彩虹色手链**

   使用多种彩虹色的宝石或珠子制作一款手链，每种颜色代表着友情中不同的情感，如快乐、信任、支持和共鸣。

8. **自定义名字手链**

   制作一款可以根据每位朋友的名字定制的手链，使用特殊的字体或设计来展示友情的个性化。

9. **手写字母手链**

   使用朋友的手写字母或特殊字母来制作手链。这将使手链更加亲近和个人化。

图22-4　ChatGPT提供的珠宝设计灵感示例

　　用户在让 ChatGPT 提供珠宝设计灵感时，除了图案方面的设计灵感之外，还可以要求 ChatGPT 提供材料方面的灵感，如翡翠、钻石、金银等。

093　汽车设计灵感范例

　　汽车设计包括车身设计、性能设计、材料选择等方面，需要考虑安全性、耐用性、可靠性和可回收性等因素，要求设计者有一定专业度。ChatGPT 的运用，可以为汽车设计提供帮助，如帮助设计者在设想汽车结构时考虑更加全面的要素等。

　　用户让 ChatGPT 提供汽车设计灵感时可以采用以下指令模板进行提问。

　　请你充当一名汽车设计师，提供一些以 ××× 为主题的 ×××（汽车系统结构、车身结构等）的设计灵感

采用指令模板让 ChatGPT 提供汽车设计灵感的示例如图 22-5 所示。

请你充当一名汽车设计师，提供一些以环保为主题的车身结构设计灵感

当考虑以环保为主题的车身结构设计时，可以采用一些创新的想法和材料，以减少对环境的不利影响。以下是一些灵感：

1. **轻量化材料**：使用轻量化材料如碳纤维、铝合金和复合材料来减少车辆的整体重量，从而提高燃油效率并减少尾气排放。这不仅有助于减少能源消耗，还延长了车辆的续航里程。

2. **太阳能充电板**：在车辆的车顶、后挡风玻璃或侧面集成太阳能充电板，以捕获太阳能来为车辆的电池充电，减少对电力网络的依赖。

3. **可再生材料**：使用可再生材料，如可降解塑料和可再生纤维，来减少对有限资源的依赖，并减少废弃物的产生。这些材料还可以在车辆的内饰中使用。

4. **空气动力学优化**：通过改善车辆的外形设计，以减少空气阻力，提高燃油效率或电池续航里程。例如，设计流线型的车身和减少气流阻力的细节。

5. **废气处理技术**：集成高效的废气处理技术，如颗粒过滤器和尾气氮氧化物减排系统，以减少有害气体的排放。

6. **智能轮胎技术**：开发智能轮胎，能够监测胎压和磨损情况，以提高轮胎的寿命，减少轮胎的更换频率，并减少废弃轮胎的数量。

7. **可再制造设计**：设计车辆部件，使其易于拆卸和再利用，以减少废弃物产生，并延长零部件的使用寿命。

8. **空气净化系统**：集成车辆内部的空气净化系统，以提供更健康的驾驶环境，并减少驾驶过程中的颗粒物和有害气体排放。

9. **绿色涂料和涂层**：使用环保型涂料和涂层，以减少有害挥发性有机化合物的释放，并降低对环境的污染。

10. **可持续供应链**：确保车辆的生产和装配过程都考虑到环保因素，采用可持续的供应链实践，减少资源浪费和碳排放。

图22-5　ChatGPT提供汽车设计灵感示例

必要时，用户还可以提供汽车的目标受众定位信息，让 ChatGPT 有所依据，能够提供有针对性的汽车设计灵感。

094 / 景观设计灵感范例

景观设计是指风景与园林的规划设计，在自然生态与人类文明的融合中有重要的意义。景观设计有多种类型，包括城市景观设计、居住区景观设计、城市公园规划与设计、旅游度假区规划等，在让 ChatGPT 提供景观设计灵感时，应说明相应的类型。

用户让 ChatGPT 提供景观设计灵感时可以采用以下指令模板进行提问。

请你充当一名景观设计师，根据以下信息提供一些设计灵感（另起一行，提供景观的相关信息）

采用指令模板让 ChatGPT 提供景观设计灵感的示例如图 22-6 所示。

CH　请你充当一名景观设计师，根据以下信息提供一些设计灵感
我需要设计一个花园用于观赏，位于别墅的周围；该地的气候条件是亚热带常绿阔叶林气候；因别墅的风格是极简装修，花园需与别墅的风格相匹配

为了设计一个与极简装修风格的别墅相匹配的花园，您可参考 以下一些设计灵感：

1. 清新的绿植：在亚热带常绿阔叶林气候条件下，选择一些美丽的常绿植物，如竹子、棕榈树、鸟巢蕉等，以打造清新的绿意。这些植物既可以提供视觉上的宁静感，又与亚热带气候相契合。

2. 极简庭院：保持庭院布局简单，避免过多的装饰和花园元素。考虑使用整齐的几何形状，如方形或矩形花坛、石板小径和石墙，以突出极简主义风格。

3. 中性色调：在花园的装饰和家具中使用中性色调，如白色、灰色和深色木材，与别墅的风格相协调。这些颜色可以增强整体的清爽感。

4. 水景元素：考虑在花园中添加一个小型水景，如喷泉或镜面池塘。水的流动声和反射效果可以增添宁静感，与极简风格相得益彰。

5. 舒适的户外休息区：设计一个舒适的户外休息区，供居民和客人欣赏花园的美景。选择简洁而舒适的户外家具，以创建一个宜人的放松空间。

6. 照明设计：为花园添加合适的照明，以便在夜晚也能欣赏到美景。考虑使用柔和的照明，如落地灯、悬挂灯或隐藏式灯具，以营造温馨的氛围。

7. 自然的屏障：如果需要隐私或风景保护，可以考虑使用植物墙、竹篱或帘子等自然的屏障，以保持整体的清晰感。

8. 考虑季节变化：选择不同季节都有吸引力的植物，以确保花园在一年四季都美丽。

9. 水石元素：在花园中添加一些水石元素，如小瀑布、鹅卵石铺路或石头花坛，以增加自然元素和纹理感。

10. 考虑可持续性：在设计中考虑使用可持续的材料和节水的植物，以降低维护成本并减少环境影响。

图22-6　ChatGPT提供的景观设计灵感示例

景观设计是将自然与人为要素相结合的活动，因此需要考虑地理位置、所处位置的气候条件、地势、喜好的风格和景观设计的目的等因素，用户在让 ChatGPT 提供景观设计灵感时，应尽可能地明确这些信息。

第 23 章　音乐创作指令与范例

ChatGPT 可以应用于音乐创作领域，协助歌词、谱曲的创作。对于不同的音乐类型，如民谣、摇滚乐，ChatGPT 能够根据音乐的类型来写词和谱曲。本章将介绍将 ChatGPT 应用于音乐创作的指令与范例。

扫码看视频

095 指令应用步骤

ChatGPT 的文本生成可以用于音乐创作领域。在明确的指令下，它能够生成 AI 视角下的歌词，并为歌词谱曲。

本节将以让 ChatGPT 创作一首完整的歌曲为例，介绍将 ChatGPT 应用于音乐领域的操作步骤。

STEP 01 提供主题，写作歌词：在 ChatGPT 输入框中输入指令，如"请以孤独为主题，为一首歌曲写作歌词"，然后按 Enter 键确认，ChatGPT 即会根据主题写作歌词，如图 23-1 所示。

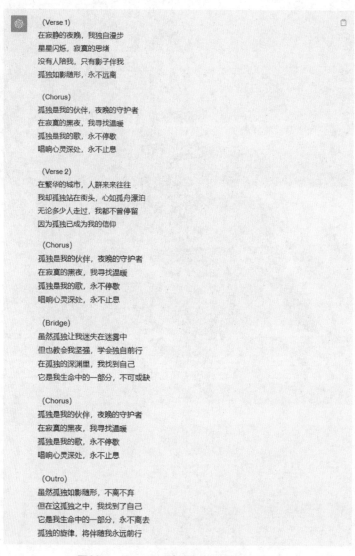

图23-1　ChatGPT根据主题写作的歌词

STEP 02 分析歌词，为词谱曲：在输入框中继续输入指令，如"请根据以上歌词的节奏和节拍，用 ABC 记谱法为歌词谱曲"，然后按 Enter 键确认，ChatGPT 即会按照要求生成歌词的曲调参考，如图 23-2 所示。

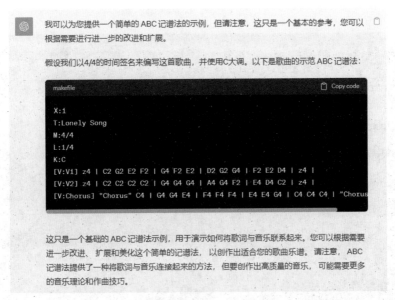

图23-2　ChatGPT按照要求生成歌词的曲调参考

ABC 记谱法是指用字母 A 到 G 来记录音高，再配以其他符号用来记录变化音、音长等的记谱方法。用户在让 ChatGPT 为歌词谱曲时，应尽可能地说明谱曲方法，以避免 ChatGPT 无法准确定位所需的乐曲类型。

096 / 民谣范例

民谣是指民间流传的、赋予民族色彩的歌曲。我们常说的民谣是一种以吉他伴奏的浅吟低唱形式的歌曲，因此民谣有其独特的音阶与情调风格，表现出缠绵悱恻的特征。用户运用 ChatGPT 创作民谣时，应明确主题和谱曲方式。

用户运用 ChatGPT 创作民谣时可以采用以下指令模板进行提问。

请以×××为主题，创作一首民谣歌曲，要求生成歌词和吉他乐谱，歌词上表现真情，谱曲时用吉他伴奏

采用指令模板让 ChatGPT 创作民谣的示例如图 23-3 所示。

> **CH** 请以对西北地区的眷恋为主题，创作一首民谣歌曲，要求生成歌词和吉他乐谱，歌词上表现真情，谱曲时用吉他伴奏

图23-3　ChatGPT创作民谣示例

```mathematica
Verse 1:
G              C           G
西北风轻拂黄土地,
Em           D           G
我心向往那片远方。
G              C              G
天空湛蓝山川壮丽景,
Em              G
我的家乡永远在心上。

Chorus:
C            G          D
西北的星空闪烁明亮,
Em           D          G
我的家乡永远在心上。

Chorus:
C            G          D
西北的星空闪烁明亮,
Em           G
无尽的梦想在风中飘荡。
C              G          D
黄沙滚滚似海的波浪,
Em              G
我对你的眷恋永不凋零。

Verse 2:
G            C           G
河水清澈流淌无尽情,
Em           D          G
远山苍翠诉说故事悠长。
G              C              G
牧歌声声传遍山谷间,
Em           D          G
在这片土地找到归乡。

Chorus:
C            G              D
西北的星空闪烁明亮,
```

图23-3　ChatGPT创作民谣示例（续）

```
Em          C           G
无尽的梦想在风中飘荡。
C                       D
黄沙滚滚似海的波浪,
Em          C           G
我对你的眷恋永不凋零。

Bridge:
Am          C           G
每一次离别都是痛楚,
Am          C           G
但我心中永远有你的图。
Am          C           G
西北的大地是我灵魂的家,
Em          C           G
无论走到哪里,你永远在那。

Chorus:
G           G           D
西北的星空闪烁明亮,
Em          C           G
无尽的梦想在风中飘荡。
C                       D
黄沙滚滚似海的波浪,
Em          C           G
我对你的眷恋永不凋零。

Outro:
G           G           G
西北风轻拂黄土地,
Em          D           G
我心向往那片远方。
G           C           G
天空湛蓝山川壮丽景,
Em                      G
我的家乡永远在心上。
```

希望这首歌能够表达出对西北地区的深切眷恋之情。你可以根据需要演奏吉他伴奏,使歌曲更加生动和情感丰富。

图23-3　ChatGPT创作民谣示例(续)

097 摇滚乐范例

　　摇滚乐是一种有强烈节奏感、充满激情、有活力的音乐,它往往强调个人情感的表达,歌词通常比较直接和坦率,传达出对生活的感受和对人性的理解。在 ChatGPT 的帮助下,音乐人可以顺畅地表达自我的想法,从而创作出摇滚乐。

　　用户运用 ChatGPT 创作摇滚乐时可以采用以下指令模板进行提问。

请以×××为主题，创作一首摇滚乐，要求生成歌词和乐谱，歌词上注重个性表达，谱曲时用吉他、鼓、贝斯伴奏

采用指令模板让 ChatGPT 创作摇滚乐的示例，部分内容如图 23-4 所示。

 请以"生活也可以如诗一样美好"为主题，创作一首摇滚乐，要求生成歌词和乐谱，歌词上注重个性表达，谱曲时用吉他、鼓、贝斯伴奏

以下是以"生活也可以如诗一样美好"为主题的摇滚乐歌词和简单的乐谱。请注意，这只是一个基本的示范，你可以根据需要进一步发展和完善它。

歌词：
(Verse 1)
在这个疯狂的城市，我心如止水
街头巷尾的人们，匆匆忙忙的追逐
但我在角落里，吉他在手中飘舞
生活也可以，如诗一样美好

(Pre-Chorus)
别让忧虑压垮你的双肩
抬起头，勇往直前
跟随音乐的节奏，放飞你的梦想
生活也可以，如诗一样美好

(Chorus)
哦，生活也可以如诗一样美好
吉他的音符，在夜空中飞扬
鼓声嘹亮，贝斯的低音颤动
让我们一起，跟着音乐舞蹈

(Verse 2)
当夜幕降临，星星闪烁如诗
在黑暗中，找到光明的路
疼痛和欢笑，都是生命的节奏
生活也可以，如诗一样美好

(Pre-Chorus)
别让忧虑压垮你的双肩
抬起头，勇往直前
跟随音乐的节奏，放飞你的梦想
生活也可以，如诗一样美好

(Chorus)
哦，生活也可以如诗一样美好
吉他的音符，在夜空中飞扬

图23-4　ChatGPT创作摇滚乐示例（部分内容）

鼓声嘹亮，贝斯的低音颤动
让我们一起，跟着音乐舞蹈

(Bridge)
在这个世界的尽头，我们追逐着
梦想的火焰，永不熄灭
即便途中波折重重，我们也不怕
生活也可以，如诗一样美好

(Chorus)
哦，生活也可以如诗一样美好
吉他的音符，在夜空中飞扬
鼓声嘹亮，贝斯的低音颤动
让我们一起，跟随音乐舞蹈

(Outro)
生活也可以如诗一样美好
让我们一起，跟着音乐舞蹈
生活也可以如诗一样美好
让我们一起，跟着音乐舞蹈

乐谱部分，以下是一个简单的示范：

```lua
[Verse]
    Em                      C
e|------------------------|-------------------------|
B|------------------------|-------------------------|
G|------------------------|-------------------------|
D|------------------------|-------------------------|
A|--2-2-2-2-2-2-2-2--|---3-3-3-3-3-3-3-3--|
E|------------------------|-------------------------|

    G                       D
e|------------------------|-------------------------|
B|------------------------|-------------------------|
G|------------------------|-------------------------|
D|------------------------|-------------------------|
A|--3-3-3-3-3-3-3-3--|---2-2-2-2-2-2-2-2--|
E|------------------------|-------------------------|

[Pre-Chorus]
    C                       G
e|------------------------|-------------------------|
B|------------------------|-------------------------|
G|------------------------|-------------------------|
D|------------------------|-------------------------|
A|--3-3-3-3-3-3-3-3--|---2-2-2-2-2-2-2-2--|
E|------------------------|-------------------------|
```

图23-4　ChatGPT创作摇滚乐示例（部分内容）（续）

不同的音乐类型，有不同的常用谱曲形式，用户在让 ChatGPT 进行音乐创作时，应尽可能地提供明确的谱曲方法或形式，以便 ChatGPT 能够准确响应。

第 24 章　教育应用指令与范例

在教育领域中，ChatGPT 可以为教师提供课程设计、作文批改、出题押题等方面的建议，也可以为学生提供专业知识解答、制订学习计划等方面的指导，从而顺利达到教育的目的。本章将介绍将 ChatGPT 应用于教育领域的指令与范例。

098 指令应用步骤

对于教师来说，授课是最主要的工作，而教学设计是授课的基础，因此教师的工作重心之一是进行教学设计。运用 ChatGPT，可以帮助教师设计出有针对性的教学内容，从而顺利地因材施教。

本节将以让 ChatGPT 设计教学内容为例，介绍将 ChatGPT 应用于教育领域的操作步骤。

STEP 01 赋予身份，确定目标：在 ChatGPT 输入框中输入指令，如"请你充当一位小学四年级的英语老师，简要概括出小学四年级的英语教学目标"，然后按 Enter 键确认，ChatGPT 即会总结出相应课程的教学目标，如图 24-1 所示。

> 小学四年级的英语教学目标可以简要概括为以下几点：
>
> 1. 基本语言能力：培养学生听、说、读、写英语的基本语言能力，包括正确发音、流利表达和理解简单的英语口语与书面表达。
> 2. 词汇和句型：扩展学生的英语词汇量，引导他们学习常用的英语句型和基本语法规则，能够构建简单的句子和对话。
> 3. 阅读理解：培养学生的阅读理解能力，能够理解简单的英语短文、故事和指令，提取关键信息。
> 4. 书写能力：教授基本的英语书写规则，帮助学生书写简单的英语单词、句子和短文，培养书写的规范性和清晰性。
> 5. 文化意识：介绍英语国家的文化和风俗习惯，增强学生对英语国家的了解和文化意识。
> 6. 学习策略：培养学生的学习兴趣和学习策略，鼓励他们积极参与英语学习，提高自主学习能力。
> 7. 交际能力：鼓励学生运用英语进行日常交流，能够简单地与他人用英语交流、提问和回答问题。
>
> 这些目标旨在建立学生坚实的英语基础，为进一步学习和提高英语能力打下坚实的基础。同时，也应注重培养学生的英语学习兴趣，让他们在愉快的学习氛围中提高英语水平。

图24-1　ChatGPT总结出的相应课程的教学目标

STEP 02 根据内容，生成大纲：在输入框中继续输入指令，如"请结合教学目标和以下课本信息，设计相应的教学大纲（另起一行，提供课本信息）"，然后按 Enter 键确认，ChatGPT 即会生成相应的教学大纲，如图 24-2 所示。

CH　请结合教学目标和以下课本信息，设计相应的教学大纲

课本信息：小学四年级上册的英语课本共有6个新授单元，2个复习单元，内容涉及学校、时间、衣服、天气、购物、农场动物、数字、颜色等几个话题。其中每个新授单元均分为3大块，A部分包括Let's learn，用来巩固单词的Let's do，以Let's learn所学词汇为主题的对话Let's talk，以掌握单词、句子为主要目标的Read and write。B部分是对A部分内容的深化和拓展，二者一脉相承。C部分为选修内容，包括语音训练、歌曲教学、趣味故事教学等。2个复习单元是对前面6个单元知识的重组、整合和升华。

根据提供的课本信息，设计小学四年级英语教学大纲如下：

教学大纲

教学目标：

1. 培养学生基本的英语听、说、读、写能力。
2. 扩展学生的英语词汇量，掌握基本句型和语法规则。
3. 培养学生的阅读理解和书写能力。
4. 引导学生了解英语国家的文化和风俗。
5. 培养学生的学习兴趣和学习策略。
6. 提高学生的英语交际能力。

教学内容：

单元1：学校 (school)

- Let's learn: 学习学校相关的英语词汇，如desk、book、teacher等。
- Let's do: 进行与学校相关的角色扮演，如老师和学生的对话。
- Let's talk: 进行关于学校的对话，介绍学校设施和活动。
- Read and write: 阅读与学校有关的短文，书写相关句子和单词。

单元2：时间 (time)

- Let's learn: 学习有关时间的英语词汇，如clock、hour、minute等。
- Let's do: 练习询问和回答时间的对话。
- Let's talk: 对时间表进行讨论，制定日程安排。
- Read and write: 阅读和书写与时间相关的短文，书写时间表。

单元3：衣服 (clothes)

- Let's learn: 学习有关衣服的英语词汇，如shirt、pants、shoes等。
- Let's do: 进行购物对话，购买衣物。
- Let's talk: 描述人们穿着的衣物，制定时尚规划。
- Read and write: 阅读关于衣服的短文，书写购物清单和服装描述。

图24-2　ChatGPT生成相应的教学大纲示例

单元4：天气 (weather)

* Let's learn: 学习有关天气的英语词汇，如sunny、rainy、cloudy等。
* Let's do: 进行天气报告，描述不同天气状况。
* Let's talk: 讨论天气对日常生活的影响，制订户外活动计划。
* Read and write: 阅读关于天气的短文，书写天气预报和活动计划。

单元5：购物 (shopping)

* Let's learn: 学习有关购物的英语词汇，如money、shop、buy等。
* Let's do: 模拟购物场景，进行购物对话。
* Let's talk: 讨论购物经验，比较价格和选择商品。
* Read and write: 阅读购物相关的短文，书写购物清单和发票。

单元6：农场动物 (farm animals)

* Let's learn: 学习有关农场动物的英语词汇，如cow、chicken、sheep等。
* Let's do: 角色扮演农场场景，模拟与农场动物的互动。
* Let's talk: 讨论农场动物的特征和用途。
* Read and write: 阅读关于农场动物的短文，书写动物描述和农场日记。

复习单元1：综合复习 (review 1)

* 复习前面6个单元的词汇、句型和语法规则。
* 进行综合性的听、说、读、写练习。

复习单元2：综合复习 (review 2)

* 进一步复习前面6个单元的知识，并注重提高学生的口语表达能力。
* 进行口头和书面的综合测试。

教学方法：

* 通过多媒体教具、游戏和角色扮演等互动教学方法，激发学生的学习兴趣。
* 鼓励学生多听、多说，提高英语口语表达能力。
* 使用图表、图片和实物等教具帮助学生理解和记忆词汇和句型。
* 通过故事、歌曲和趣味活动引导学生学习英语文化。
* 定期进行听力和口语测试，以监测学生的进步并提供反馈。

这个教学大纲旨在为小学四年级英语课程提供清晰的教学目标和内容安排，以帮助学生建立坚实的英语基础，培养他们的英语交际能力，并激发他们的英语学习兴趣。

图24-2　ChatGPT生成相应的教学大纲示例（续）

　　用户在让 ChatGPT 制定教学大纲时，提供相应的课本信息可以帮助 ChatGPT 定位课程内容，生成有实际意义的教学大纲。

099 / 作文批改范例

　　ChatGPT 可以对文章提出修改和优化的建议，因此可以让 ChatGPT 充当阅卷老师，对学生的作文提供优化建议。

用户运用 ChatGPT 进行作文批改时可以采用以下指令模板进行提问。

请作为阅卷老师对以下作文进行批改，需要从段落结构、修辞手法、叙述方式等方面进行批改并给出可优化的建议（另起一行，提供作文内容）

采用指令模板让 ChatGPT 进行作文批改的示例如图 24-3 所示，ChatGPT 对标题为"我最喜欢的植物——迷人的薰衣草"的作文进行了批改，并给出了优化建议。

以下是对这篇作文的批改和改进建议：

段落结构：

1. **引言段落**：引言段落已经引入了主题薰衣草，但可以更加引人入胜，吸引读者的兴趣。可以在这里添加一些有趣的事实或引用一句相关的诗句或名言，以建立更强的引导。
2. **主体段落**：第二段描述了薰衣草的外观，但可以将这些描述更生动化，使读者更容易想象出薰衣草的美。第三段介绍了个人的经历，这是一种很好的方式，但可以更具体地描述在田野上看到薰衣草的情景，包括气味和感觉，以更深入地传达你的喜爱。第四段提到了文化意义、历史背景和保护价值，这些内容可以分成多个段落来更清晰地呈现。
3. **结论段落**：结论段落可以总结你对薰衣草的喜爱，并再次强调保护薰衣草的重要性，以使文章的主题更加鲜明。

修辞手法：

1. 在文章中使用一些比喻和形容词，以丰富对薰衣草外观的描述。例如，可以将花瓣描述为"犹如精致的紫色蝴蝶"更形象地传达出美感。
2. 尝试在文章中使用一些比喻和象征性的语言，以增强文章的表现力。例如，在描述薰衣草的文化意义时，可以说它是"纯净与优雅的象征"。

叙述方式：

1. 在第三段描述小时候的经历时，可以加入更多情感和感官细节，以使读者更能共鸣。例如，描述薰衣草的气味如何影响你的情感，或者田野上的光线如何反映在薰衣草的花瓣上。
2. 第四段提到文化意义、历史背景和保护价值时，可以提供更多具体的例子和信息，以增强读者对保护薰衣草重要性的理解。这将使文章更加丰富和具有说服力。

总体建议：

1. 在扩展每个段落时，确保每一段都有清晰的主题句，以帮助读者更容易理解文章的结构和思路。
2. 调整段落之间的过渡，以确保文章的连贯性，使读者能够流畅地跟随你的思维。
3. 最后，仔细检查书写和语法错误，以确保文章的语言准确无误。

图24-3　ChatGPT进行作文批改示例

100 / 出题押题范例

教师常常会自己拟出一些测验题目或考试题目来考验学生，查看学生对课程知识点的掌握情况。在 ChatGPT 的帮助下，教师可以快速获得相应的课程测验题目。

用户运用 ChatGPT 进行出题押题时可以采用以下指令模板进行提问。

请作为一位×××（年级）老师，为×××（年龄层）学生列出×××学科中×××知识点可能的考点，以及基于这些考点给出示例的考题

采用指令模板让 ChatGPT 进行出题押题的示例如图24-4所示。

> CH 　请作为一位大学老师，为大二学生列出初级会计学科中固定资产这一知识点可能的考点，以及基于这些考点给出示例的考题
>
> 初级会计学中固定资产是一个重要的知识点，涵盖了资产的获取、折旧、处置等方面。以下是可能的考点和相应的考题示例：
>
> 1. 固定资产的定义和分类
>   考题示例：请简要定义什么是固定资产，并列举至少三种常见的固定资产分类。
> 2. 固定资产的获取和成本计量
>   考题示例：公司购买一台机器设备，总成本为10,000美元，其中包括购机器的费用、运输费用、安装费用等。请计算这台机器设备的账面价值。
> 3. 固定资产的折旧
>   考题示例：一台机器设备的成本为20,000美元，折旧年限为5年，采用直线折旧法。请计算每年的折旧费用。
> 4. 固定资产的减值测试
>   考题示例：一家公司持有一项固定资产，其账面价值为50,000美元，但由于市场变化，其可收回金额只有40,000美元。请计算该固定资产是否需要进行减值测试，如果需要，计算减值损失。
> 5. 固定资产的处置
>   考题示例：公司决定卖掉一台旧机器，该机器的账面价值为5,000美元，售价为6,000美元。请计算该机器的处置损益。
> 6. 固定资产的资本化
>   考题示例：一家公司进行了一项改建项目，支出了100,000美元，其中包括建筑材料、劳工费用等。请问公司应该如何处理这些支出：资本化还是费用化？
> 7. 固定资产的折旧政策变更
>   考题示例：公司原本采用直线折旧法，但决定改用双倍余额递减折旧法。请解释这一变更可能对公司财务报表产生的影响。
> 8. 固定资产的信息披露
>   考题示例：列举并解释一家公司年度财务报告中与固定资产相关的信息披露项目。
>
> 以上考点和示例题目可以帮助学生掌握初级会计学中固定资产的基本概念和相关会计处理方法。考试时，可以根据教学重点和课程要求适当调整这些考点和题目。

图24-4　ChatGPT进行出题押题示例

101 专业解惑范例

ChatGPT 拥有庞大的数据库，可以容纳不同学科、专业知识、基本常识的文本内容，用户可以将 ChatGPT 当作百科全书，让其为我们解答疑惑。

用户让 ChatGPT 进行专业解惑时可以采用以下指令模板进行提问。

请你作为一名×××（有专业知识储备的学者），对我提出的问题进行详细且专业的解答。我的问题是×××

采用指令模板让 ChatGPT 进行专业解惑的示例如图24-5所示。

请你作为一名理科类的大学教授，对我提出的问题进行详细且专业的解答。我的问题是怎样可以提高光电转换效率？

提高光电转换效率是光伏领域的关键挑战之一，它涉及如何在将太阳能转化为电能的过程中尽可能减少能量损失。以下是一些可以提高光电转换效率的方法，这些方法涵盖了材料、设计和工程等方面的因素：

1. **材料选择**
   - 多晶硅和单晶硅是目前最常用的太阳能电池材料之一，它们将太阳能转化为电能的效率较高。此外，薄膜太阳能电池也具有潜力，因为它们可以降低材料成本。
   - 多接合太阳能电池，如太阳能电池叠层结构，利用多个不同波长范围的光吸收层，从而提高光谱范围内的能量捕获。

2. **反射和散射控制**
   - 使用抗反射涂层，减少光线在表面的反射，提高入射光的吸收率。
   - 使用纳米结构或微结构来控制光线的传播和散射，以增加光的路径长度，从而提高吸收率。

3. **光电池设计**
   - 优化电极设计，以确保光电子的有效收集。
   - 使用光子晶体或光子结构来增强光吸收和光子传播，这些结构可以调制光的波长和传播方式。

4. **提高光电子分离效率**
   - 通过使用电子传输层和空穴传输层来分离电子和空穴，防止它们重新组合。

5. **提高材料质量**
   - 使用高质量的半导体材料，减少缺陷和杂质，提高电荷传输效率。

6. **温度管理**
   - 控制太阳能电池的温度，高温度会导致电池效率下降。使用冷却系统或散热材料来降低温度。

7. **光谱分散**
   - 使用多光谱光源，可以更好地匹配光电池的吸收谱，从而提高效率。

8. **损失分析和改进**
   - 进行详细的损失分析，找出光电转换过程中的主要损失源，然后采取相应的改进措施。

9. **跟踪太阳**
   - 使用太阳跟踪系统，确保光线垂直入射，最大程度地提高光强度。

10. **智能电池管理系统**
    - 使用智能电池管理系统来优化电池阵列的工作状态，以确保最大化电能输出。

总的来说，提高光电转换效率是一个复杂的工程问题，需要综合考虑材料、设计、环境和运维等多个因素。研究人员和工程师不断努力改进太阳能电池技术，以提高效率并降低成本，以便更广泛地应用可再生能源。

图24-5　ChatGPT进行专业解惑示例

102 学习计划范例

对于学生来说，好的学习习惯和计划可以增加学生学习的动力，从而使学生真正地学有所成。运用 ChatGPT，可以帮助学生整合学习内容，制订出可操作性的学习计划。

用户运用 ChatGPT 制订学习计划时可以采用以下指令模板进行提问。

请充当一名×××老师，为×××（年龄层）学生制订×××课程学习计划

采用指令模板让 ChatGPT 制订学习计划，在 ChatGPT 输入框中输入指令，如"请充当一名计算机老师，为五年级的学生制订编程课程学习计划"，ChatGPT 会制订出学习计划，部分内容如图 24-6 所示。

当制订编程课程学习计划时，需要考虑学生的年龄和水平，确保课程内容适合五年级学生。

以下是一个简单的五年级编程课程学习计划，可以根据学生的兴趣和进展进行调整：

第一周：认识计算机和编程

课程目标： 学生了解计算机是如何工作的，以及编程是什么，并且能够用简单的术语解释。

内容：

1. 什么是计算机？计算机的基本部件有哪些？
2. 什么是编程？为什么编程重要？
3. 用图形方式介绍编程概念，如"指令"和"循环"。

第二周：Scratch入门

课程目标： 学生能够使用Scratch编写简单的动画和交互性项目。

内容：

1. Scratch的介绍和界面导览。
2. 创建第一个Scratch项目：绘制和移动角色。
3. 使用 Scratch 块编写简单的动画和交互性脚本。

第三周：Scratch进阶

课程目标： 学生深入了解Scratch，可以创建更复杂的项目。

内容：

1. 制作交互性故事或游戏。
2. 使用条件语句（例如，如果……那么……）来控制项目行为。
3. 添加声音和音效。

第四周：HTML和网页设计入门

课程目标： 学生了解网页是如何工作的，能够创建基本的网页。

内容：

1. 介绍HTML和网页的基本概念。
2. 创建一个简单的HTML网页。
3. 添加文本、图像和链接到网页。

第五周：Python编程入门

课程目标： 学生了解Python编程语言的基础知识，能够编写简单的Python程序。

内容：

1. Python的基本语法和数据类型。
2. 编写一个简单的Python程序，如打印"Hello, World!"。
3. 使用变量和基本的算术运算。

图24-6 ChatGPT制订学习计划示例（部分内容）

　　图中的 Scratch 是一种图形化编程语言和在线社区，专为初学者和儿童设计，旨在帮助人们学习编程的基础概念，同时提供一个友好的编程环境。HTML 是 hypertext markup language 的简称，翻译为超文本标记语言，是一种用于创建和组织网页内容的标记语言。

第 25 章　医疗咨询指令与范例

在某种意义上，ChatGPT 可以提供一定的医疗咨询服务，如描述某一个药品的功效、进行心理疏导、解答情感问题、提供养生知识科普等。本章将介绍运用 ChatGPT 获取医疗咨询服务的指令与范例。

103 指令应用步骤

了解一定的药学知识，可以帮助我们管理好自己的身体，保持健康。而并非所有人都有条件或有心力去了解药学知识，常常是遇到问题之后才有兴趣了解一二，当我们想要了解某一个药品的功效、副作用、禁忌等知识时，可以向 ChatGPT 寻求帮助。

本节将以向 ChatGPT 咨询药品功效为例，介绍将 ChatGPT 应用于医疗领域的操作步骤。

 01 赋予身份，描述症状：在 ChatGPT 输入框中输入指令，如 "请你作为一个药学专业人员，提供药品建议，适合咳嗽伴有轻度发烧的成人服用"，然后按 Enter 键确认，ChatGPT 即会给出对应症状的药品建议，如图 25-1 所示。

> 我可以为您提供一些建议，但请注意我不是医生，不能为您提供个人化的医疗建议。如果您或他人有咳嗽伴有发烧的症状，最好咨询医生或专业医疗保健提供者以获取确切的建议和治疗方案。以下是一些常见的药品建议，但请在使用任何药物之前咨询医生：
>
> 1. **退烧药（抗热药）**：如果您轻度发热，可以考虑使用非处方药物，如布洛芬或对乙酰氨基酚（泰诺尔），根据产品说明书上的剂量来服用。请务必按照剂量指示使用，并遵循不超过每日推荐剂量的建议。
> 2. **咳嗽药**：如果咳嗽不严重，可以考虑使用非处方的咳嗽药，如罗汉果糖浆。这些药物可以帮助减轻喉咙刺激和咳嗽症状。请按照产品说明书上的剂量来服用。
> 3. **保持充足的水分**：饮用足够的水有助于保持身体水分和喉咙湿润，有助于减轻咳嗽症状。
> 4. **休息**：给身体足够的休息时间，以帮助免疫系统对抗病毒。
> 5. **保持室内温度适宜**：确保室内温度适宜，有助于提高舒适度和快速康复。
>
> 请记住，如果症状加重或持续时间较长，或者伴随其他严重症状（如呼吸困难），一定要尽早咨询医生，因为这可能需要更严格的治疗或评估。药物的使用应在医生或专业医疗保健提供者的监督下进行。

图25-1　ChatGPT给出的对应症状的药品建议

 02 根据建议，询问信息：在输入框中继续输入指令，继续追问 ChatGPT 相关信息，如 "服用布洛芬或对乙酰氨基酚有什么禁忌吗？有过甲肝的人可以服用吗？"，然后按 Enter 键确认，ChatGPT 即会给出药品的相关信息，如图 25-2 所示。

> 布洛芬和对乙酰氨基酚是常见的非处方药物，用于缓解轻度疼痛和退烧。然而，它们也有一些禁忌和限制，以及可能的副作用。对于特定的医疗情况，以及是否适合甲肝患者使用，最好在咨询医生或专业医疗保健提供者的指导下使用这些药物。
>
> 以下是一些服用布洛芬和对乙酰氨基酚的禁忌和注意事项：
>
> **服用布洛芬的禁忌和注意事项：**
>
> • 对布洛芬过敏的人不应使用。

图25-2　ChatGPT给出的药品的相关信息

- 如果您有胃溃疡或胃出血的病史，或者正在服用其他抗凝血药物，应避免使用布洛芬，因为它可能增加胃肠道出血的风险。
- 长期或过量使用布洛芬可能对肾脏和心血管系统造成风险，因此应遵循建议的剂量和用药时间。
- 对于患有甲肝的人，使用布洛芬前应咨询医生，因为肝脏问题可能影响药物代谢和排泄。

服用对乙酰氨基酚的禁忌和注意事项：

- 对乙酰氨基酚过敏的人不应使用。
- 长期或过量使用对乙酰氨基酚可能对肝脏造成损害，因此应遵循建议的剂量和用药时间。
- 对于患有甲肝的人，使用对乙酰氨基酚前应咨询医生，因为肝脏问题可能影响药物代谢和排泄。

图25-2　ChatGPT给出的药品的相关信息（续）

可以看出，ChatGPT 给出的药品建议和信息都是较为保守、客观的，没有盲目捏造一些不存在的事实，即便如此，用户也应将 ChatGPT 的建议视作参考，对自己的健康负责，不应盲目信任。

104 心理疏导范例

心理问题是在现代社会中常见的问题之一，不论人的年龄大小，心理问题都有可能"找上门"。近年来，因心理问题离世的新闻也越发频繁，因此将 ChatGPT 应用于人类的心理疏导，是一次有意义的尝试。

用户运用 ChatGPT 进行心理疏导时可以采用以下指令模板进行提问。

请作为一名心理医生对以下问题给出建议，要求用亲切、温和的语气来提供建议，并表现出极大的共情力（另起一行，提供问题）

采用指令模板让 ChatGPT 提供心理疏导的示例如图 25-3 所示。

请作为一名心理医生对以下问题给出建议，要求用亲切、温和的语气来提供建议，并表现出极大的共情力
问题：总是感觉自己毫无优点、一无是处，找不到存在的意义怎么办？

亲爱的朋友，

首先，我要感谢你勇敢地分享了这个感觉，因为这种情绪对很多人来说都不陌生，你并不孤单。感到毫无优点和一无是处的时刻可能让人感到非常无助，但请相信，这些感觉并不代表你的真实价值。

首先，我建议你尝试接受自己的情感，不要对自己的感觉感到羞耻或责备自己。这些情感是正常的，是我们生活中的一部分。接受这些情感是自我成长的第一步。

其次，试着深入了解自己。思考一下，你是否曾经有过一些积极的经验或成功，哪怕是小事情。我们有时候会低估自己的成就和优点。写下来，让自己看到自己的优点和过去的成功经历，这有助于提升自尊心。

图25-3　ChatGPT进行心理疏导示例

此外，与朋友、家人或心理健康专业人士分享你的感受。与他们交流，寻找支持和理解。有时候，他人的看法可以帮助你看到自己的价值和优点，而他们也能给你带来支持和鼓励。

还有，尝试寻找一些自我关爱的活动，如冥想、瑜伽、阅读或艺术。这些活动可以帮助你提高自我意识，改善心理健康，并发现生活中的更多乐趣和意义。

最后，如果你觉得这种情绪持续时间较长，影响到了你的生活质量，不妨考虑寻求专业心理健康支持。专业的心理医生可以帮助你更深入地探索这些感受，找到适合你的方法来应对它们。

请相信，你有价值，你的存在是有意义的。这个过程可能需要时间，但你绝对值得去追求更好的生活质量。如果你需要进一步的支持或有任何其他问题，都请随时与我联系。我愿意倾听和支持你。

祝福你能够找到生活中的美好和意义。

温暖的问候，
[你的名字]（如果是心理医生的话）

图25-3　ChatGPT进行心理疏导示例（续）

　　用户在让 ChatGPT 给出心理疏导的建议时，注意在指令中添加"亲切、温和、共情力"等字眼使 ChatGPT 开启温馨的话语模式，因为心理问题的疏导往往需要一个"朋友式"的倾听者给予安慰，温馨的话语模式更能起到作用。

105　情感咨询范例

　　人们在处理亲密关系时，难免会遇到问题，或多或少，或轻或重。当我们在亲密关系中遇到问题时，可以向 ChatGPT 进行情感咨询，让 ChatGPT 给出一些解决问题的办法。

　　用户运用 ChatGPT 进行情感咨询时可以采用以下指令模板进行提问。

　　请以一个知心姐姐的身份，解答以下情感问题，要用亲切的口吻来回答（另起一行，提供问题）

　　采用指令模板让 ChatGPT 提供情感咨询的示例如图 25-4 所示。

> CH　请以一个知心姐姐的身份，解答以下情感问题，要用亲切的口吻来回答
> 问题：我感到我的父母总是嘴硬心软，每次都会把关心的话说成嘲讽的话，导致每次和他们沟通都以吵架收尾怎么办？

> 　亲爱的，我完全理解你的感受，这种情况确实可以让人感到很沮丧。父母有时候可能会用嘴硬的方式来表达关心，但内心却是满满的爱意。首先，要记住他们的出发点是出于关心和担忧。

图25-4　ChatGPT提供情感咨询示例

为了改善沟通，你可以尝试以下方法：

1. **冷静沟通**：在情绪平静的时候和父母沟通，让他们知道你关心他们的看法，但也希望他们能够以更温和的方式表达。避免在情绪激动时与他们交流。

2. **表达感受**：告诉他们当他们以嘲讽的方式表达关心时，你感到受伤或不开心。用"感觉……"的方式表达，而不是指责性的言辞。

3. **倾听**：在沟通时，也要倾听他们的看法和感受。理解他们为什么会选择这种方式，或许可以帮助你更好地应对。

4. **提出建议**：建议使用一些更积极和温和的方式来表达关心。举例说明，让他们知道这种方式会让你感到更受欢迎和理解。

5. **耐心和时间**：改变需要时间，有时候需要多次尝试。不要期望立即见到结果，但坚持努力，相信事情会变得更好。

最重要的是，保持对他们的爱和尊重。父母的爱虽然有时以奇怪的方式表现出来，但他们关心你的幸福和安全。逐渐改善沟通方式，也有助于增进家庭关系的和谐。希望这些建议能帮助你和父母建立更好的互动。如果你有更多问题或需要进一步的建议，随时都可以找我聊天。

图25-4　ChatGPT提供情感咨询示例（续）

106 养生科普范例

在绿色水果、有机蔬菜广受欢迎的今天，人们越来越关注养生问题，如年轻人白天爱在保温杯里泡枸杞、晚上回家爱泡脚等，健康的生活方式受到推崇。ChatGPT 的出现，可以为爱好养生的人群提供一些知识科普。

用户让 ChatGPT 进行养生科普时可以采用以下指令模板进行提问。

请你作为一名 ×××（中医药、营养学等）专家，提供一些 ××× 的方法或建议

采用指令模板让 ChatGPT 进行养生科普的示例如图 25-5、图 25-6 所示。

请你作为一名中医药专家，提供一些女生排湿气、补气血的方法或建议

中医药的方法可以帮助女生排湿气、补气血，但请注意，每个人的体质和健康状况都不同，因此最好在中医师的指导下采取适合自己的方法。以下是一些常见的中医药方法和建议：

排湿气：

1. **饮食调理**：避免食用寒凉、生冷食物，尤其是生冷水果和冷饮。可以选择温热的食物，如姜汤、红枣、山药等，有助于驱散湿气。

2. **适当运动**：适度的运动有助于促进体内气血循环，减少湿气滞留。可以选择瑜伽、太极拳等气功运动，避免在潮湿或雨天户外锻炼。

图25-5　ChatGPT进行养生科普示例（1）

3. **中药疗法**：中药治疗可以根据个体体质和湿气程度而异。一些常用的中药材包括陈皮、白术、独活等，可以作为中医师开具的中药方剂的一部分。

4. **足浴**：温水足浴有助于促进体表血液循环，排除湿气。可以加入适量的盐或中草药，如艾叶、白芷，以增强效果。

补气血：

1. **合理饮食**：饮食中应包含丰富的铁、维生素和蛋白质，如瘦肉、蛋、豆类、红枣、黑芝麻等，以促进补气血。

2. **中药调理**：可以根据体质和具体情况选用补气血的中药材，如当归、熟地黄、黄芪等。最好咨询中医师的建议，制定个性化的方剂。

3. **良好的生活习惯**：充足的睡眠、减少压力、保持心情愉快等都对补气血有帮助。情绪不稳定或长期压力可能导致气血不足。

4. **适度运动**：适度锻炼可以促进血液循环，增强体质。但要注意不要过度劳累，避免损伤气血。

5. **穴位按摩**：一些穴位按摩可以帮助调理气血，如涌泉穴、太冲穴等。但要确保按摩方法正确，最好在专业指导下进行。

请注意，以上方法仅供参考，最好在寻求中医师的建议和诊断下采取措施，以确保治疗方案的安全和有效性。中医药是一门综合性的医学体系，需要个性化的治疗方案。

图25-5　ChatGPT进行养生科普示例（1）（续）

请你作为一名营养学专家，提供一些适合补气血的饮食搭配的建议

补充气血的饮食搭配在营养学中非常重要，特别是对于女性来说。以下是一些适合补气血的饮食建议：

1. 高铁食物

- **瘦肉**：瘦牛肉、瘦羊肉、鸡胸肉等是优质的铁来源，有助于提高血红蛋白水平。
- **豆类**：黑豆、红豆、绿豆等富含铁和蛋白质，有助于补充能量和养分。
- **动物肝脏**：牛肝、鸡肝等含有丰富的铁和维生素B12，有助于提高血液中的红细胞数量。

2. 补血食物

- **红枣**：红枣是补血的经典食物，富含铁、维生素C和抗氧化物质。
- **桂圆**：桂圆肉有补益气血的作用，可以用来制作甜品或糖水。
- **紫菜**：富含铁和叶酸，有助于提高血红蛋白水平。

3. 维生素和矿物质

- **叶绿蔬菜**：菠菜、苋菜、芹菜等富含叶酸、维生素K和矿物质，有助于维持血液的健康。
- **坚果和种子**：杏仁、核桃、葵花籽等提供维生素E和铜，支持红细胞的生产。
- **柑橘类水果**：柑橘类水果如橙子、柚子富含维生素C，帮助吸收铁。

图25-6　ChatGPT进行养生科普示例（2）

第 26 章 法律咨询指令与范例

法律是规范人们行为的道德准则和有效手段，在法治社会中，每个人都应该知晓并理解法律，对自己负责，同时也对社会尽责。当遇到法律知识的盲点时，人们可以寻求 ChatGPT 的帮助，以获取解答和释义。

107 指令应用步骤

ChatGPT 可以作为一个法律工具，当用户面临一些法律知识盲点时，可以向 ChatGPT 询问获得解答。通常情况下，赋予 ChatGPT 法律专家的身份，用户能够得到较为满意的解答。

本节将以向 ChatGPT 咨询法律知识为例，介绍将 ChatGPT 应用于法律领域的操作步骤。

 赋予身份，提出问题：在 ChatGPT 输入框中输入指令，如"请你作为一名法律顾问，对出版一本图书所涉及的法律知识予以解答"，然后按 Enter 键确认，ChatGPT 即会给出相关的法律知识解答，如图 26-1 所示。

当出版一本图书时，涉及多个法律方面的知识，包括版权法、言论自由、隐私权、诽谤和诽谤法律责任等。下面是一些常见的法律问题以及对它们的解答：

1. 版权法
   - 问：我需要知道如何保护我的图书版权吗？
   - 答：是的，你的图书自动拥有版权，但最好在出版前注册版权。这样可以提供更大的法律保护，并使你能够追求侵权行为的索赔。

2. 言论自由
   - 问：我在图书中可以表达任何观点吗？
   - 答：言论自由权利通常受宪法或法律的保护，但也有法律限制。例如，你不能发表诽谤、侵犯隐私或侵犯版权的内容。

3. 隐私权
   - 问：我在图书中可以使用他人的个人信息吗？
   - 答：在使用他人的个人信息时，必须遵守隐私法律。通常需要获得个人信息所有者的明确同意，或者确保你的使用符合适用法律规定的例外情况。

4. 诽谤和诽谤法律责任
   - 问：我担心我在图书中提到的人会起诉我诽谤。如何避免？
   - 答：避免诽谤的关键是事实准确性和真实性。确保你的陈述是真实的，或者是基于可证实的事实。此外，诽谤法可能对公众人物和新闻报道有不同的标准，要了解适用的规则。

5. 出版合同
   - 问：我需要与出版商签署合同吗？
   - 答：通常，与出版商签署合同是标准做法。合同将规定版权、版税、分销、责任、期限等关键条款。请在签署前仔细阅读合同，并尽可能请律师审查以确保你的权益得到保护。

6. 法律审核
   - 问：是否需要法律顾问审核我的图书内容？
   - 答：尽管没有必要，但对于特定的内容或风险敏感的内容，法律顾问的意见可能会帮助你避免法律问题。

7. 其他法律问题
   - 问：是否有其他我需要考虑的法律问题？
   - 答：取决于你的图书内容和出版地点，还可能涉及税务、言论审查、反诽谤法等其他法律问题。最好在出版前与专业法律顾问咨询，以确保你的图书遵循所有适用的法律。

请注意，法律规定因国家和地区而异，因此最好在特定情况下咨询当地的法律专家以获取准确的法律建议。此外，法律知识也可能随时间而变化，因此请查阅最新的法律法规和判例法律以获取最新信息。

图26-1　ChatGPT给出的相关的法律知识解答

STEP 02 根据情境，追加提问：在输入框中继续输入指令，继续追问 ChatGPT 相关信息，如"出版图书的版权一般归谁所有？如果与出版社签订了出版合同，那么是否意味着书的版权已经转移了？"，然后按 Enter 键确认，ChatGPT 即会给出更多法律信息，如图 26-2 所示。

图书的版权一般情况下最初归作者所有。当你创作一本书时，根据版权法，你自动拥有该书的版权。这意味着你有权控制该书的复制、分发、表演、展示和修改等权利。

然而，当你与出版社签订了出版合同时，通常情况下，并不意味着你完全放弃了书的版权，但可能会授权出版社一定的权利，以便出版、分销和推广你的书。合同中的具体条款因出版社和合同的性质而异，以下是一些常见的合同条款和相应的解释：

1. 授权权：合同通常会明确授权出版社在特定领域内（例如，印刷版、电子书、有声书等）以特定方式（例如，发行、销售、翻译等）使用你的作品。
2. 版权归属：通常情况下，版权仍然归属作者，但合同会规定出版社在合同期限内拥有与授权权相关的权利。在合同期限结束后，版权通常会恢复到作者名下，但也可能有例外情况。
3. 书稿费和版税：合同通常会规定作者会收到的书稿费（提前支付的款项）以及版税（根据销售收入的一定比例），这些支付可能因合同而异。
4. 合同期限：合同通常会规定书的出版期限，期限结束后，作者可能有机会重新谈判合同或将书的版权移交给其他出版商。
5. 衍生作品和权利：合同还可能规定了出版社在书的基础上创作衍生作品（例如电影、电视剧、漫画等）的权利。

总之，签署出版合同通常会授予出版社一定的权利，以便出版和推广你的书，但这并不意味着你完全放弃了版权。确切的版权归属和权利分配取决于合同的具体条款，因此在签署合同之前，务必详细阅读合同并尽可能请律师协助，以确保你的权益得到妥善保护。不同出版社的合同可能有所不同，因此请注意了解和比较不同出版商的提议。

图26-2　ChatGPT给出的更多法律信息

108 / 法条释义范例

同样地，让 ChatGPT 充当法律顾问，可以帮助用户解释某一项法条的含义，对于法律专业的学生考取资格证书、普通人了解法律知识都很有益处。

用户运用 ChatGPT 进行法条释义时可以采用以下指令模板进行提问。

请你作为一名法律顾问，对以下法律条款作详细的解释，必要时可以列举实际案例来说明（另起一行，提供法律条款）

采用指令模板让 ChatGPT 进行法条释义的示例如图 26-3 所示。

请你作为一名法律顾问，对以下法律条款作详细的解释，必要时可以列举实际案例来说明
法律条款：出自《中华人民共和国民法典》
第三十五条 监护人应当按照最有利于被监护人的原则履行监护职责。监护人除为维护被监护人利益外，不得处分被监护人的财产。
第五百三十五条 因债务人怠于行使其债权或者与该债权有关的从权利，影响债权人的到期债权实现的，债权人可以向人民法院请求以自己的名义代位行使债务人对相对人的权利，但是该权利专属于债务人自身的除外。

图26-3　ChatGPT进行法条释义示例

根据您提供的法律条款，我将分别解释这两个法律条款，并在必要时列举一些实际案例来说明。

第三十五条 监护人应当按照最有利于被监护人的原则履行监护职责。监护人除为维护被监护人利益外，不得处分被监护人的财产。

这个法律条款涉及监护人的责任和义务。下面是对该条款的详细解释：

1. **监护人的职责**：监护人是指对未成年人或其他无行为能力或限制行为能力人的监护和照顾责任人。监护人的主要职责是保护被监护人的合法权益，包括身体和财产权益。
2. **最有利于被监护人的原则**：这一原则意味着监护人在履行职责时必须优先考虑被监护人的最大利益。这包括确保被监护人的基本生活需求得到满足，包括教育、健康和安全等方面的需求。
3. **财产处分的限制**：监护人在履行职责时不得处分被监护人的财产，除非这是为了维护被监护人的利益。这意味着监护人不能随意转移、出售或处分被监护人的财产，除非有合理的理由，比如为了支付被监护人的生活费用、医疗费用或教育费用等。
4. **实际案例**：一个实际案例可以是监护人以被监护人的名义将被监护人的财产出售，并将销售所得用于个人用途，而不是用于被监护人的福祉。这种情况下，监护人违反了该法律条款，因为他们没有按照最有利于被监护人的原则行事。

第五百三十五条 因债务人怠于行使其债权或者与该债权有关的从权利，影响债权人的到期债权实现的，债权人可以向人民法院请求以自己的名义代位行使债务人对相对人的权利，但是该权利专属于债务人自身的除外。

这个法律条款涉及代位权的概念。以下是对该条款的详细解释：

1. **代位行使债务人的权利**：这一条款规定，如果债务人没有履行其债务或与债务有关的权利，导致债权人的到期债权无法实现，那么债权人有权向人民法院申请代位行使债务人对相对人的权利。这意味着债权人可以在自己的名义下行使债务人应该行使的权利。
2. **条件**：为了申请代位行使权利，必须满足以下条件。
   • 债务人怠于行使债权或与债权有关的从权利。
   • 这种怠于行使导致债权人的到期债权无法实现。
   • 代位权不适用于那些债务人自身享有专属权利的情况。
3. **专属权利的例外**：该条款明确规定，代位权不能适用于那些债务人自身享有专属权利的情况。这意味着债权人不能代替债务人行使只有债务人才能行使的特殊权利。
4. **实际案例**：一个实际案例可能涉及一个借款合同，其中债务人拖欠了债务，但同时拥有某项特殊的合同权利，这项权利只有债务人能行使。在这种情况下，债权人可以申请代位行使除了该专属权利以外的其他权利，以确保他们的债权得到满足。

请注意，法律的解释和应用通常会因具体情况而异，因此在实际法律问题中，建议咨询专业法律顾问以获取具体建议。

图26-3　ChatGPT进行法条释义示例（续）

109　合同拟定范例

法律工作者的职责之一是拟定合同，若让 ChatGPT 充当法律工作者，也可以生成特定主题的合同内容。

用户运用 ChatGPT 拟定合同时可以采用以下指令模板进行提问。

请你充当一名律师，围绕 ××× 的主题，并根据相关法律，写出一份正式的合同

采用指令模板让 ChatGPT 拟定合同的示例如图 26-4 所示。

CH　请你充当一名律师，围绕股权转让的主题，并根据相关法律，写出一份正式的合同

⑤　我很愿意帮助您起草一份股权转让合同，但需要提醒您，我不是一名执业律师，不能提供法律建议。因此，您需要在使用此合同之前，咨询一位合格的律师，以确保合同符合您特定情况下的法律要求和需要。

以下是一份股权转让合同的示例，请根据您的具体情况进行调整和修改：

```markdown
                                                              Copy code

股权转让协议

本股权转让协议（以下简称"协议"）由以下各方（以下合称为"协议各方"）于协议签署日期（下文称为

卖方信息：
姓名/公司名称：_____
地址：_____
联系电话：_____
电子邮件：_____

买方信息：
姓名/公司名称：_____
地址：_____
联系电话：_____
电子邮件：_____

在以下情况下，卖方和买方合称为"各方"。

背景
卖方拥有以下股权（以下简称"股权"）：
公司名称：_____
股权类型：_____
股权数量：_____
卖方欲将上述股权出售给买方，买方愿意购买这些股权。

协议条款

1. 股权转让
1.1 卖方同意将上述股权转让给买方，买方同意购买这些股权。

1.2 股权的转让价格为_____（货币单位），应在协议签署日期之后的___

1.3 卖方将在付款完成后，提供适当的文件和文件转让手续，以完成股权转让。
```

图26-4　ChatGPT拟定合同示例

```
2. 保证和陈述
2.1 卖方保证其拥有上述股权的合法所有权，并无限制地转让这些股权。

2.2 卖方保证股权在签署本协议时没有任何抵押、质押、扣押或其他限制性权益。

2.3 买方确认已对所购股权进行了充分尽职调查，并对其风险和潜在问题有充分了解。

3. 关闭
3.1 本协议的交割将在付款完成后，双方签署必要文件并完成法律程序时完成，交割日期为________

4. 适用法律
4.1 本协议应受到__________________________（适用法律的名称）的管辖，任何争议应提交至该

5. 其他条款
5.1 本协议构成各方之间的全部协议，取代任何其他先前的口头或书面协议。

5.2 本协议中未明示的任何事项，应根据适用法律解释并处理。

各方确认，他们已阅读、理解并同意本协议的所有条款和条件，并在本协议上签署以示同意。

卖方签名：________________________ 日期：______________
（卖方姓名/公司名称）

买方签名：________________________ 日期：______________
（买方姓名/公司名称）
```

图26-4　ChatGPT拟定合同示例（续）

ChatGPT 撰写的股权转让合同仅作为参考，在正式使用之前，用户应向当地合格的律师进行咨询，以确保合同的有效性。ChatGPT 平台在显示合同内容时，受代码框的限制，需要手动拖曳代码框下方的滚动条才能查看完整的内容。

第 27 章　生活服务指令与范例

在日常生活中，ChatGPT 能够充当助手，为我们的衣、食、住、行等方面保驾护航，增添生活的乐趣和提高生活的幸福指数。例如，ChatGPT 可以为我们制订旅游计划，助力我们愉快出行。

110 指令应用步骤

从古至今，旅游都是一个很好的帮助人修身养性、建立自我意识的途径。在旅游出发之前，少不了要对目的地进行合理的规划，如选择哪条线路、采用哪种交通工具、打卡哪些景点等，对这些信息进行有效的梳理与掌握，能够让出游者不虚此行。在ChatGPT 的帮助下，出游者能够轻松地制订旅游计划。

本节将以让 ChatGPT 生成旅游计划为例，介绍让 ChatGPT 提供生活服务的操作步骤。

STEP 01 赋予身份，询问信息：在 ChatGPT 输入框中输入指令，如"假设你是一个经验丰富的导游，擅长制定旅游攻略。现在需要你制定一份去往广州的旅游攻略，我需要给你提供哪些信息？"，然后按 Enter 键确认，ChatGPT 即会给出制订旅游计划的信息，如图 27-1 所示。

> 要制定一份去广州的旅游攻略，我需要一些关键信息，以便能够为您提供最合适的建议。以下是需要的信息：
>
> 1. 出行日期：您计划前往广州的具体日期和时间，以便规划行程。
> 2. 行程天数：您计划在广州停留多少天，这将决定您可以参观的景点和活动数量。
> 3. 预算：您的旅行预算将影响您在广州的住宿、餐饮和活动选择。
> 4. 兴趣和偏好：您对哪些类型的景点和活动感兴趣？例如，文化遗产、美食、购物、自然风光、历史等。
> 5. 旅行方式：您计划如何前往广州？是乘坐飞机、高铁、汽车还是其他交通工具？
> 6. 住宿偏好：您更喜欢住在酒店、民宿、青年旅馆还是其他类型的住宿？
> 7. 饮食偏好：您是否有特殊的饮食需求或是对特定的美食有兴趣？
> 8. 特别活动或节日：如果您计划在广州参加特别的活动或节日，请提供相关信息，以便安排行程。
> 9. 健康和安全：了解您的健康状况和旅行保险情况，以确保您的旅行安全和顺利。
> 10. 任何其他特殊需求或要求：如果您有任何其他特殊需求或要求，例如残疾人友好的建议、家庭旅行考虑等，请告诉我，以便能够为您提供最佳建议。
>
> 一旦提供了这些信息，我将能够为您制定一份个性化的广州旅游攻略，包括建议的景点、活动、餐厅和住宿选项。

图27-1 ChatGPT给出的制订旅游计划的信息

STEP 02 提出要求，制定规划：在输入框中继续输入指令，如"我计划下周去广州游玩，想自己一个人坐火车前往，游玩五天，请结合不同景点的特色打卡点、最佳观赏时间、门票时间等，帮我安排更悠闲一些的行程"，然后按 Enter 键确认，ChatGPT即会生成旅游计划，如图 27-2 所示。

下面是一个为您安排的五天广州自由行的行程，包括不同景点的特色打卡点、最佳观赏时间和门票信息。这个行程旨在让您悠闲地探索广州的文化、美食和风景。

第一天：探索广州市区

- 上午：抵达广州后，前往酒店办理入住手续。推荐选择广州市区的酒店，以方便游览市区景点。
- 中午：品尝广州特色早茶，可前往陶陶居、点都德或广州酒家等著名餐厅。
- 下午：游览广州塔（小蛮腰），尽量选择在傍晚时分前往，欣赏日落和夜景。门票价格视选择的观景楼层而定。
- 傍晚：漫步珠江边，欣赏灯光秀和夜景。
- 晚上：在广州珠江边的餐厅享用晚餐，品尝当地美食。

第二天：广州文化之旅

- 早上：前往广州博物馆，了解广州的历史和文化。门票通常免费，但可能需要提前预约。
- 中午：在附近的餐厅品尝粤菜午餐。
- 下午：游览陈家祠，欣赏岭南建筑和木雕艺术。门票需要购买。
- 傍晚：前往上下九步行街，购物和品尝小吃。
- 晚上：参加珠江夜游，欣赏灯光秀。门票价格根据选择的游船而定。

第三天：美食之旅

- 上午：前往广州华南农业大学的迎宾馆，参观美丽的校园和农业展览。门票需要购买。
- 中午：在大学附近的农家餐馆品尝新鲜的农产品美食。
- 下午：参观附近的白云山，可选择乘坐缆车前往山顶，欣赏美丽的自然风景。门票价格视选择的活动而定。
- 晚上：返回市区，品尝广州著名的烧腊（如烧鹅、烧鸭）。

第四天：岭南风情

- 上午：前往岭南印象园，了解广东岭南文化，观看粤剧和杂技表演。门票价格根据选择的表演而定。
- 中午：在附近的餐厅品尝粤菜。
- 下午：游览附近的红砖厂创意园区，欣赏现代艺术和文化创意。门票需要购买。
- 晚上：返回市区，在广州塔附近的餐厅享用晚餐。

第五天：广州美景告别

- 上午：前往白天鹅潭风景区，欣赏美丽的湖泊和自然风光。门票价格根据季节而定。
- 中午：在潭边的餐馆品尝午餐。
- 下午：根据您的喜好，可以选择继续游览景区或者返回市区进行最后的购物和探索。
- 晚上：根据您的火车时间，享受最后一顿广州美食晚餐，然后前往火车站。

请注意，景点的开放时间和门票价格可能会有所变化，因此在出发前最好查看官方网站或询问当地信息以获取最新信息。祝您在广州度过愉快的五天自由行！

图27-2　ChatGPT生成的旅游计划

111 / 景点推荐范例

当用户准备前往某个国家或某个城市想要游玩一番的时候,可以事先询问 ChatGPT 有关该地的特色景点,ChatGPT 会给出景点推荐。

用户运用 ChatGPT 生成景点推荐时可以采用以下指令模板进行提问。

假设你是一名导游,请根据我的需求为我推荐×××(城市、国家)的景点(另起一行,输入需求)

采用指令模板让 ChatGPT 生成景点推荐的示例如图27-3 所示。

 假设你是一名导游,请根据我的需求为我推荐哈尔滨的景点
需求:我有一周的游玩时间,预算在5,000元以内,想打卡哈尔滨的旅游景点

 哈尔滨是中国东北的美丽城市,拥有丰富的冬季和夏季景点。以下是根据您的需求,在预算 5,000元以内的情况下,推荐的哈尔滨旅游景点:

1. **索菲亚教堂**:这座被誉为"东方的哈尔滨大教堂"的教堂是哈尔滨的标志性建筑,是一处俄罗斯东正教风格的建筑,内部装饰精美。

2. **松花江畔**:漫步在松花江畔,欣赏江水和哈尔滨的夜景是一种非常浪漫的体验,而且是免费的。

3. **太阳岛**:这个风景如画的岛屿位于松花江上,以其美丽的自然风光和悠闲的氛围而闻名,可以租一艘小船在江上划船。

4. **冰雪大世界**:如果您是冬季来哈尔滨的话,不容错过冰雪艺术展览,可以欣赏到壮观的雪雕和冰雕。

5. **中央大街**:这是哈尔滨最著名的购物和美食街区,您可以品尝到各种美味的东北小吃和购买纪念品。

6. **哈尔滨极地馆**:这是一个非常有趣的地方,您可以近距离观察北极熊和其他北极动物,学习有关北极地区的知识。

7. **哈尔滨冰灯节**:如果您在冬季来访,一定要参观哈尔滨著名的冰灯节,这里的冰雕和灯光秀令人叹为观止。

8. **伏尔加庄园**:这是一处仿俄罗斯风格的庄园,您可以在这里漫步、拍照,还有一些博物馆可以参观。

9. **黑龙江省博物馆**:了解黑龙江的历史和文化,这是一个很好的去处。

10. **斯大林公园**:这个公园以其巨大的斯大林雕像而著名,是了解哈尔滨与俄罗斯关系的好地方。

请记住,哈尔滨的气候在冬季非常寒冷,所以如果您计划在冬季游玩,需做好保暖措施。另外,购物和用餐方面,您可以尽情品味哈尔滨的特色美食和购物街区的商品。希望您在哈尔滨的一周旅行中度过愉快的时光!

图27-3 ChatGPT生成景点推荐示例

112／美食推荐范例

用户出门游玩，前往某个旅游景点进行打卡时，品尝当地的美食自然也是少不了的。在 ChatGPT 的帮助下，用户可以获得经大量数据筛选过后、值得品尝和打卡的美食推荐。

用户运用 ChatGPT 生成美食推荐时可以采用以下指令模板进行提问。

假设你是×××（城市）的当地居民，请给我推荐一些有特色的×××（城市）美食

采用指令模板让 ChatGPT 生成美食推荐的示例如图 27-4 所示。

CH　假设你是成都的当地居民，请给我推荐一些有特色的成都美食

当然！成都是中国著名的美食之都，这里有许多特色美食等待您品尝。以下是一些您不容错过的成都美食：

1. **川菜**：成都最著名的美食类型之一就是川菜，它以辛辣、麻辣、鲜香著称。您可以尝试宫保鸡丁、麻辣火锅、鱼香肉丝等传统川菜。
2. **四川火锅**：成都火锅是一种辣味十足的火锅，您可以在滚烫的锅里烹饪各种食材，如牛肉、羊肉、蔬菜等。请不要错过一些著名的火锅店，如小龙坎、蜀九香等。
3. **串串香**：这是一种串烧类的小吃，您可以选择各种食材，然后蘸上各种调味酱，非常美味。它在夜市和街头巷尾随处可见。
4. **担担面**：这是一道非常有特色的面条，通常是辣的，带有花生酱和蒜蓉，非常美味。
5. **龙抄手**：这是一道成都的传统小吃，类似于饺子，但更小更嫩。您可以在成都的小巷子里找到许多地道的龙抄手摊点。
6. **糯米鸡**：这是一道甜食，由糯米和各种馅料制成，非常适合作为甜点或小吃。
7. **兔头**：如果您喜欢尝试一些非常本土的特色，可以尝试成都的兔头，尤其是在夜市和酒吧街会更容易找到。
8. **茶馆点心**：成都有许多传统的茶馆，您可以在这里品尝到各种美味的点心，如麻团、花卷、藕粉等。

这些只是成都丰富美食文化中的一部分，您可以在当地的餐馆、夜市和小吃摊点品尝到更多美味。不过请注意，成都的食物通常辛辣，如果您不擅长辣食，可以在点菜时告诉厨师减少辣度。希望您在成都度过美味的时光！

图27-4　ChatGPT生成美食推荐示例

113／饮食计划范例

民以食为天，生活品质的好坏往往也体现在饮食方面，因此饮食是人们在生活中格外重视的。在 ChatGPT 的帮助下，我们可以制订出营养健康的饮食计划。

用户运用 ChatGPT 生成饮食计划时可以采用以下指令模板进行提问。

假设你是一名营养师，请设计一份适合×××人群的健康饮食计划，计划内容包含一日三餐，需要营养均衡、美味可口

采用指令模板让 ChatGPT 生成饮食计划的示例如图 27-5 所示。

CH 假设你是一名营养师，请设计一份适合都市上班人群的健康饮食计划，计划内容包含一日三餐，需要营养均衡、美味可口

以下是一份适合都市上班人群的健康饮食计划，包括一日三餐。这个计划注重营养均衡，美味可口，有助于维持健康和提高工作效率。请注意，每个人的身体状况和需求不同，所以在开始新的饮食计划之前最好咨询营养师或医生的建议。

早餐：

选择一种健康早餐，包括以下组成部分：

- 主食：燕麦片、全麦面包或全麦饼干。
- 蛋白质：鸡蛋、低脂酸奶或豆腐。
- 水果：新鲜水果（如香蕉、苹果、草莓）或果汁。
- 坚果：杏仁、核桃或花生。

早餐示例：

- 燕麦片与切碎的香蕉，撒上杏仁片，一杯低脂酸奶。
- 全麦吐司夹着煎鸡蛋、番茄和菠菜，配一杯自制果汁。

上午小吃：

保持能量和注意力的稳定，可以选择以下其中一项：

- 一小把坚果（杏仁、核桃、腰果）。
- 一片低脂乳酪和一些胡萝卜或黄瓜。
- 一杯无糖酸奶。

午餐：

午餐应该提供足够的能量和营养，但不会让你感到沉重。考虑以下选项：

- 瘦蛋白：鸡胸肉、火鸡或豆腐。
- 主食：糙米、全麦面包或薯类食物。
- 蔬菜：多种彩色蔬菜，如西兰花、胡萝卜、青豆等。
- 沙拉：用橄榄油和醋调制的沙拉。

午餐示例：

- 烤鸡胸肉配糙米、蒸西兰花和胡萝卜条。
- 墨西哥风味黑豆玉米沙拉，撒上一些切碎的牛油果。

图27-5 ChatGPT生成饮食计划示例

下午小吃：

为了保持精力充沛，可以选择以下其中一项：

- 一片全麦吐司涂上天然花生酱。
- 希腊酸奶混合蜂蜜和蓝莓。
- 蔬菜条配自制饮用酸奶蘸酱。

晚餐：

晚餐应该轻盈但富含营养。考虑以下选项：

- 瘦蛋白：鱼、鸡、豆腐或豆类。
- 主食：糙米、全麦面条或薯类食物。
- 蔬菜：烤或蒸的时令蔬菜。
- 汤：低盐、低脂肪的汤。

晚餐示例：

- 烤三文鱼配柠檬和草莓，伴以糙米和蒸西兰花。
- 素食咖喱，用豆腐或鹰嘴豆，配糙米和蒸菜。

晚间小吃（如有需要）：

如果你需要晚上吃点东西，可以选择以下其中一项：

- 低脂酸奶或希腊酸奶。
- 一小块低脂乳酪。
- 水果，如苹果或橙子。

图27-5　ChatGPT生成饮食计划示例（续）

114 / 兴趣培养范例

兴趣是每个人生活的乐趣来源之一，良好的兴趣不仅能够丰富我们的生活，为我们的生活带来希望和动力，更有可能发展成为实现自我价值的途径，让我们为社会的发展贡献自己的力量。ChatGPT 可以帮助我们找到自己的兴趣，培养好的兴趣爱好。

用户运用 ChatGPT 协助兴趣培养时可以采用以下指令模板进行提问。

请你从社会学家的角度，结合提高生活幸福指数的目标，为我推荐一些兴趣爱好，我的要求是 ×××

采用指令模板让 ChatGPT 协助兴趣培养的示例如图 27-6 所示。

请你从社会学家的角度，结合提高生活幸福指数的目标，为我推荐一些兴趣爱好，我的要求是一周可以花费一天时间在兴趣爱好上，脑力活动和体力活动不受限制

从社会学家的角度出发，提高生活幸福指数通常涉及多个方面，包括社交互动、个人成长、情感满足等。以下是一些可供您每周花费一天时间的兴趣爱好建议，这些兴趣爱好可以有助于提高生活幸福指数：

1. 社交互动类活动
   - 加入社交团体：加入兴趣相同的社交团体，如俱乐部、协会或兴趣小组，与人建立更多社交关系。
   - 义工工作：参与志愿者活动，为社区或慈善机构做出贡献，与他人互动并有机会结识新朋友。
2. 学习与个人成长类活动
   - 学习新技能：尝试学习一门新的技能或艺术形式，如绘画、音乐、烹饪或摄影。
   - 阅读与写作：阅读书籍、杂志或进行创作写作可以拓宽知识领域，增强个人成长。
3. 情感满足与放松类活动
   - 冥想与瑜伽：学习冥想和瑜伽技巧，有助于放松身心，提高情感健康。
   - 自然探索：探索大自然，进行户外活动，如远足、露营、钓鱼等，有助于减轻压力，提升幸福感。
4. 艺术与文化类活动
   - 参观博物馆和画廊：探索艺术和文化遗产，了解历史和不同文化，丰富自己的视野。
   - 参加表演或音乐会：欣赏音乐会、戏剧表演或其他文化活动，提升文化品位。
5. 运动与体育活动
   - 健身与运动：参与健身锻炼、跑步、骑自行车、打网球等体育活动，有助于保持身体健康，提高幸福感。
   - 参与体育比赛：加入业余体育联赛或比赛，享受竞技的乐趣，并与队友建立紧密关系。
6. 创造与手工艺类活动
   - 手工艺与DIY：尝试制作手工艺品、家具或其他创造性项目，满足创造的愉悦感。
   - 烹饪与烘焙：学习新的烹饪技巧，烹饪美食，与家人和朋友分享。

选择一个或多个符合您兴趣和喜好的活动，每周花费一天的时间，有助于增加您的生活多样性，提高幸福指数，并与他人建立更多有意义的联系。记住，幸福感是个人化的，所以选择活动时要考虑您自己的兴趣和需求。

图27-6　ChatGPT协助兴趣培养示例

115 电脑配置范例

在数码产品层出不穷和人人都需要数码产品的背景下，ChatGPT 可以充当数码专家，为我们提供电脑配置的建议和指导，让我们真正选到心仪、性价比高的电脑产品。

用户运用 ChatGPT 提供电脑配置建议时可以采用以下指令模板进行提问。

请你作为一名数码产品专家，为我提供电脑配置的建议，我的要求是×××

采用指令模板让 ChatGPT 提供电脑配置建议的示例如图 27-7 所示。

对于日常追剧和办公的需求，我建议你选择一台小巧轻盈但性能稳定的迷你电脑。以下是一份建议的配置：

1. **处理器（CPU）**：选择一款性能中上的低功耗处理器，比如英特尔的i5或i7系列，或者AMD的Ryzen 5或Ryzen 7系列。这将确保你在日常使用中有足够的处理能力。

2. **内存（RAM）**：推荐8GB或更多的RAM，以确保在同时运行多个应用程序时系统保持流畅。

3. **存储（硬盘）**：考虑使用快速的固态硬盘（SSD）作为系统盘，以提高系统的响应速度。如果需要更大的存储空间，可以选择添加一个较大容量的机械硬盘（HDD）。

4. **显卡（GPU）**：针对追剧和办公的需求，集成显卡已经足够。不过，如果你计划进行一些轻度的图形处理工作，选择一款性能适中的独立显卡也是一个不错的选择。

5. **主板**：选择一块小型主板，确保它能够容纳你选择的处理器，并提供足够的USB和视频输出接口。

6. **机箱**：考虑选择一款小巧、轻便的机箱，以适应你对小巧轻盈的需求。Mini-ITX机箱通常是一个不错的选择。

7. **散热器**：由于选择了低功耗的处理器，通常附带的散热器已经足够。如果你追求更低噪音或者环境温度较高，可以考虑升级为一款更高效的散热器。

8. **电源**：选择一个稳定可靠的电源，功率在300W到500W之间足够满足这个配置的需求。

9. **操作系统**：根据你的个人偏好选择 Windows 或者 macOS。

请注意，以上建议是基于满足你日常使用需求的前提下，如果有其他特殊要求，比如更高的性能或特定的功能，可能需要进行一些调整。

图27-7　ChatGPT提供电脑配置建议示例

116 穿搭灵感范例

"人靠衣装"这句俗语广为流传不无道理，穿搭好看对一个人的气质、气场、外在形象等方面能够起到好的影响，如法律职业人员穿搭职业正装，会给人留下专业的印象。在 ChatGPT 的帮助下，用户可以获得客观、可靠的穿搭灵感。

用户运用 ChatGPT 提供穿搭灵感时可以采用以下指令模板进行提问。

请你作为一名时尚顾问，为×××人群推荐×套适合×××的衣着搭配

采用指令模板让 ChatGPT 提供穿搭灵感的示例如图 27-8 所示。

请你作为一名时尚顾问，为职场女性推荐三套适合通勤的衣着搭配

图27-8　ChatGPT提供穿搭灵感示例

当为职场女性设计适合通勤的衣着搭配时，需要考虑到不同的工作环境和季节。以下是三套不同风格的通勤服装建议：

1. 经典职业风格
   - 一套经典的黑色西装，包括一件修身剪裁的西装外套和相配的裙子或裤子。
   - 一件白色丝绸衬衫，搭配领带或领巾，突出职业感。
   - 一双经典的中高跟尖头皮鞋，舒适又时尚。
   - 一个精致的手提包，可以容纳文件和其他办公必需品。
   - 配饰方面，选择简洁的珠宝，如珍珠项链或金色耳环。
2. 轻松办公风格
   - 一套修身的深色或中性色套装，如灰色或深蓝色。
   - 搭配一款舒适的白色或浅色衬衫或针织衫。
   - 一双低跟或坡跟鞋，确保整天的舒适度。
   - 一个时尚的大容量手提包，适合携带笔记本电脑和其他工作必需品。
   - 配饰可以选择简单的手链和耳环，以增加一些个性。
3. 创意职业风格
   - 一条精致的印花连衣裙，可以是花卉、几何图案或其他有趣的设计。
   - 搭配一款短款外套或开衫，以便在需要时增加一些层次感。
   - 一双舒适的平底鞋或低跟靴子，确保整天的舒适度。
   - 一个带有个性的包包，如拼色款或独特设计的手提包。
   - 配饰可以包括大耳环或一条精致的项链，以突出你的个性。

请记住，通勤服装的选择应该考虑到您的具体工作环境和个人风格。这些建议提供了一些灵感，但您可以根据自己的需求进行调整和定制。

图27-8　ChatGPT提供穿搭灵感示例（续）

117 健身计划范例

用户在追求健康生活的过程中，可以让 ChatGPT 充当健身教练，根据自己的情况制订科学、严密的健身计划。

用户运用 ChatGPT 制订健身计划时可以采用以下指令模板进行提问。

请作为一名健身教练，为×××（人群）制订一个为期×××（时长）的健身计划，要求包含健身目标、训练项目及频次、注意事项，计划需明确且详尽、内容科学严谨

采用指令模板让 ChatGPT 制订健身计划的示例如图 27-9 所示。

请作为一名健身教练，为体重80kg、身高180cm的男生制订一个为期3个月的健身计划，要求包含健身目标、训练项目及频次、注意事项，计划需明确且详尽、内容科学严谨

为一位体重80kg、身高180cm的男性制订一个为期3个月的健身计划需要充分考虑他的健身目标和当前的身体状况。以下是一个具体的健身计划，包括健身目标、训练项目及频次以及注意事项。

图27-9　ChatGPT制订健身计划示例

健身目标:

- 减脂增肌, 提高身体的肌肉质量。
- 增加力量和耐力。
- 提高整体健康水平和体能。

训练计划:

注意事项:

- 在开始任何新的健身计划之前, 建议先咨询医生或健身专家, 确保身体健康状况适合进行高强度的训练。
- 保证足够的休息和睡眠, 以帮助身体恢复和生长。
- 饮食也是成功的关键部分, 确保摄取足够的蛋白质, 碳水化合物和健康脂肪以满足能量需求。

第1个月: 适应期

周一: 全身力量训练

- 深蹲: 3组 x 10~12次
- 卧推: 3组 x 10~12次
- 弯举: 3组 x 10~12次
- 硬拉: 3组 x 10~12次

周三: 有氧运动

- 跑步或慢跑: 30分钟
- 游泳或骑自行车: 30分钟

周五: 分割训练 (胸部和背部)

- 卧推: 3组 x 8~10次
- 哑铃飞鸟: 3组 x 10~12次
- 引体向上或器械划船: 3组 x 8~10次
- 坐姿划船: 3组 x 10~12次

第2个月: 力量和耐力提高

周一: 全身力量训练

- 深蹲: 4组 x 8~10次
- 卧推: 4组 x 8~10次
- 弯举: 4组 x 8~10次
- 硬拉: 4组 x 8~10次

周三: 有氧运动

- 跑步或慢跑: 40分钟
- 游泳或骑自行车: 40分钟

周五: 分割训练 (胸部和背部)

- 卧推: 4组 x 6~8次
- 哑铃飞鸟: 4组 x 8~10次
- 引体向上或器械划船: 4组 x 6~8次
- 坐姿划船: 4组 x 8~10次

第3个月: 增加肌肉质量

周一: 分割训练 (胸部和肩部)

- 卧推: 4组 x 6~8次
- 哑铃飞鸟: 4组 x 8~10次
- 哑铃肩推: 4组 x 6~8次
- 高位下拉: 4组 x 8~10次

图27-9　ChatGPT制订健身计划示例 (续)

周三: 有氧运动

- 跑步或慢跑: 45分钟
- 游泳或骑自行车: 45分钟

周五: 分割训练 (背部和腿部)

- 深蹲: 4组×6~8次
- 哑铃硬拉: 4组×8~10次
- 引体向上: 4组×6~8次
- 坐姿划船: 4组×8~10次

每周额外建议:

- 增加核心肌群训练, 如仰卧起坐、腹部卷等, 每周2~3次, 每次15~20分钟。
- 保持适当的水分摄入, 避免脱水。
- 饮食要控制热量摄入, 以达到减脂的目标。
- 监测进展, 记录训练数据, 以便进行调整和改进。

图27-9 ChatGPT制订健身计划示例 (续)

118 手工制品范例

对于喜欢制作手工的用户来说, ChatGPT 可以提供手工制品的创意灵感, 如自制礼品袋, ChatGPT 可以给出款式、图案等方面的创意灵感, 助力用户完成手工制品。

用户运用 ChatGPT 获取手工制品的创意灵感时可以采用以下指令模板进行提问。

请你充当一个拥有 ××× 经验的人, 提供一些用 ××× 材料制作 ×××(工艺品) 的方法

采用指令模板让 ChatGPT 提供手工制品创意灵感的示例如图 27-10 所示。

> CH 请你充当一个拥有针织经验的人, 提供一些用毛线材料制作针织玩偶的方法

> 当制作针织玩偶时, 需要一些基本的针织技巧和材料。以下是制作针织玩偶的一般步骤和一些有用的提示:
>
> **材料和工具:**
>
> 1. **毛线**: 选择适合你玩偶的颜色和质地的毛线。通常, 棉线或亚麻线可用于面部和特定部分的细节。
> 2. **针头**: 通常使用双头针来制作针织玩偶。需要一种较大号的用于制作玩偶的主体部分, 以及一种较小号的用于制作细节部分, 如眼睛和嘴巴。
> 3. **填充物**: 用于填充玩偶内部的填充物, 可以使用纤维填充、棉花、旧衣物或其他柔软的材料。
> 4. **缝纫针和线**: 用于缝合玩偶的部件和细节。
> 5. **玩偶眼睛和鼻子**: 可以使用塑料或玻璃材质的玩偶眼睛, 或者自制眼睛。

图27-10 ChatGPT提供手工制品创意灵感示例

制作步骤:

1. **选择一个模式**: 首先, 选择一个适合你技能水平的针织玩偶模式。模式通常包括详细的说明和图表, 以指导你制作玩偶的各个部分。
2. **开始针织**: 根据模式的说明, 使用较大号的针头和所选颜色的毛线开始针织玩偶的主体部分。通常, 你需要制作两个相同的部分, 然后将它们缝在一起。
3. **添加细节**: 使用较小号的针头和其他颜色的毛线来添加玩偶的面部特征, 如眼睛、鼻子和嘴巴。你可以选择缝制这些特征, 也可以使用刺绣技巧来制作它们。
4. **填充玩偶**: 一旦你完成了玩偶的主体部分和面部特征, 将填充物小心地填充到玩偶内部, 确保玩偶的形状和质地均匀。
5. **缝合玩偶**: 使用缝纫针和线将玩偶的两个主体部分缝合在一起。确保缝合牢固, 不要留下明显的缝隙。
6. **完成细节**: 最后, 根据模式的要求, 为玩偶添加任何额外的细节, 如装饰物、衣物或其他特征。
7. **修整和润色**: 检查玩偶的外观, 修整任何不规则的部分, 并确保一切看起来整洁。

制作针织玩偶需要一些耐心和技巧, 所以不要着急, 慢慢来, 享受创作的过程。如果你是初学者, 建议选择一个简单的模式开始, 然后逐渐尝试更复杂的设计。祝你制作出可爱的针织玩偶!

图27-10　ChatGPT提供手工制品创意灵感示例(续)

119　整理收纳范例

整理收纳也是提高生活幸福指数的途径之一, 在 ChatGPT 的帮助下, 用户可以掌握一些整理收纳的技巧和方法, 归置好自己的物品, 从而增加生活的愉悦感。

用户运用 ChatGPT 协助整理收纳时可以采用以下指令模板进行提问。

请你充当一名收纳师, 提供一些对 ×××(卧室、书房等房间或衣服、鞋子等物品)进行整理和收纳的技巧和方法

采用指令模板让 ChatGPT 协助整理收纳的示例如图 27-11、图 27-12 所示。

> CH　请你充当一名收纳师, 提供一些对书房进行整理和收纳的技巧和方法

> 当您想要整理书房时, 以下是一些收纳和整理的技巧和方法, 帮助您创造一个有序、舒适的学习和工作环境:
>
> 1. 分类和减少物品
>   - 首先, 将书房中的物品分为不同的类别, 例如书籍、文件、办公用品、电子设备等。
>   - 检查每个类别中的物品, 确定哪些是您需要的, 哪些是不需要的或过时的。将不需要的物品放在一边, 以便后续处理。
> 2. 清理
>   - 从书架、桌面和抽屉开始清理, 将不必要的物品移除。
>   - 清洁和擦拭家具、窗户、地板等表面, 以确保整个空间清洁。

图27-11　ChatGPT协助整理收纳示例(1)

3. 好书架的布置
   - 安装坚固的书架，以充分利用垂直空间。可以选择开放式或封闭式的书架，具体取决于您的喜好和需求。
   - 对书籍按主题、作者或尺寸进行排序，以便轻松找到所需的书。
4. 文件和文档整理
   - 使用文件夹、标签和文件盒来组织文档和文件。记得清理不再需要的文件。
   - 建立一个归档系统，确保文件容易找到并容易维护。
5. 利用储物容器
   - 使用透明储物箱、抽屉组织器和笔筒等容器来储存小物品和办公用品，以避免杂乱。
   - 标记储物箱和容器，以便知道每个容器中存放了什么物品。
6. 桌面和工作区的整理
   - 确保您的工作台面干净整洁，只放置必要的工作物品，如电脑、笔记本、文件夹等。
   - 使用文件夹或文件架来组织当前项目和任务。
7. 数码设备整理
   - 整理电子设备和电线，使用线缆管理器或绑带来整理电线，以避免纷乱。
   - 将不再使用的电子设备进行回收或捐赠。
8. 定期维护
   - 定期检查书房，处理新的文件和物品，确保维持整洁和有序。
   - 定期清理和整理书架，以便为新书腾出空间。
9. 个性化装饰
   - 通过装饰物品、艺术作品或植物来为书房增添个性和温馨感。
   - 保持布置简洁，以避免过度装饰，干扰工作和学习。
10. 创建工作计划
    -     一个每日或每周的工作计划，以确保书房保持整洁。
    - 把整理书房列入日常任务，以养成良好的整理习惯。
      制订

整理书房需要一些时间和耐心，但它可以提高您的工作和学习效率，同时创造一个宜人的环境，让您更容易集中注意力和取得成功。

图27-11　ChatGPT协助整理收纳示例（1）（续）

 请你充当一名收纳师，提供一些对不同季节的衣服进行整理和收纳的技巧和方法

对不同季节的衣物进行整理和收纳是确保您的衣橱保持有序和高效利用空间的关键。以下是一些收纳师的技巧和方法，帮助您管理季节性衣物：

1. 季节性分开
   - 将季节性衣物分为不同的类别，如春季、夏季、秋季和冬季。
   - 只将当前季节的衣物放置在衣橱中，其他季节的衣物可以储存在其他地方，如储物箱、箱子或真空袋中。
2. 仔细检查和清洁
   - 在整理之前，检查每件衣物，确保它们没有磨损、污渍或需要修补。
   - 清洁并彻底干燥所有衣物，以避免霉菌和异味。

图27-12　ChatGPT协助整理收纳示例（2）

3. 折叠和悬挂
- 考虑将季节性衣物分为需要折叠和需要悬挂的两类。
- 薄而易折叠的物品，如T恤、夏季裙子等，可以折叠并放在抽屉、衣柜架或收纳盒中。
- 厚重或容易皱的衣物，如冬季外套、西装裤等，最好悬挂在衣架上，以避免皱折。

4. 使用透明容器
- 将不常穿的季节性衣物储存在透明储物箱中，这样您可以轻松看到箱内的内容。
- 在容器上标记季节和衣物类型，以便更容易找到需要的物品。

5. 利用真空袋
- 对于厚重的季节性衣物，如冬季大衣和羽绒服，可以考虑使用真空袋。
- 这些袋子可以将衣物压缩，减少占用的空间，并提供额外的防潮保护。

6. 定期检查和轮换
- 定期检查储存在储物箱或箱子中的季节性衣物，以确保它们保持干燥和完好。
- 在季节交替时，进行轮换，将当前季节的衣物取出，将不再使用的衣物储存起来。

图27-12　ChatGPT协助整理收纳示例（2）（续）

第 28 章　娱乐项目指令与范例

ChatGPT 可以充当娱乐项目的玩伴，与用户进行游戏，如趣味脑洞题、角色扮演、辩论交流、成语接龙、猜字谜、脑筋急转弯等。本章介绍将 ChatGPT 应用于娱乐项目的指令与范例。

扫码看视频

120 指令应用步骤

与 ChatGPT 进行文本游戏，可以让 ChatGPT 根据脑洞题给出答案，如穿越到过去、与过去的人对话。用户可以通过这个打发闲暇时间。

本节将以提问 ChatGPT 脑洞题为例，介绍将 ChatGPT 应用于娱乐领域的操作步骤。

STEP 01 假设情境，提出问题：在 ChatGPT 输入框中输入指令，如"假设现在有机会穿越回中国古代的任意一个朝代，作为文员的你最想要穿越回哪个朝代？"，然后按 Enter 键确认，ChatGPT 即会对脑洞题进行回答，如图 28-1 所示。

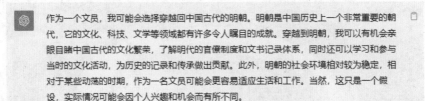

作为一个文员，我可能会选择穿越回中国古代的明朝。明朝是中国历史上一个非常重要的朝代，它的文化、科技、文学等领域都有许多令人瞩目的成就。穿越到明朝，我可以有机会亲眼目睹中国古代的文化繁荣，了解明代的官僚制度和文书记录体系，同时还可以学习和参与当时的文化活动，为历史的记录和传承做出贡献。此外，明朝的社会环境相对较为稳定，相对于某些动荡的时期，作为一名文员可能会更容易适应生活和工作。当然，这只是一个假设，实际情况可能会因个人兴趣和机会而有所不同。

图28-1　ChatGPT对脑洞题进行回答

STEP 02 根据情境，追加提问：在输入框中继续输入指令，如"如果遇到了明太祖朱元璋，你会对他说些什么来得到他的重用？"，然后按 Enter 键确认，ChatGPT 即会对追加提问给出回答，如图 28-2 所示。

要得到明太祖朱元璋的重用，首先需要展示出自己的价值和忠诚。以下是一些可能有助于获得他的重用的建议：

1. 显示忠诚：明太祖朱元璋非常重视统治的忠诚度和稳定性。表现出对他的忠诚和效忠，强调你愿意为国家和皇帝的利益而努力工作。
2. 才能和技能：展示你的文员技能和才能，尤其是在文书工作和管理方面。证明你可以帮助他有效地管理国家事务。
3. 敬业精神：表现出你的敬业精神和工作态度，愿意为国家的繁荣和人民的幸福而付出努力。
4. 知识和智慧：如果你有关于政治、经济、外交等领域的知识，可以与他分享，以展示你对重要事务的理解和见识。
5. 建立关系：试图建立和朱元璋或其他重要官员的关系，可以通过与他们进行有意义的对话或提供有价值的建议来实现。
6. 谦逊和谨慎：在接近权力的同时要保持谦逊和谨慎。不要显得过于野心勃勃，避免引起猜疑。
7. 遵守规则：尊重和遵守当时的礼仪和规则，以显示你对朝廷体制的尊重。

记住，获得重用并不容易，需要时间和耐心。此外，历史上的朝廷中竞争激烈，成功需要更多的因素，包括幸运和机遇。最终，关键是为国家和皇帝的利益服务，并以自己的才能和忠诚赢得信任。

图28-2　ChatGPT对追加提问给出回答

基于以上情境，用户还可以想象更多问题，让 ChatGPT 参与回答，或是重设情境，让 ChatGPT 穿越至未来，对未来的人和事进行预测等。

121 角色扮演范例

用户在与 ChatGPT 进行娱乐游戏时，可以让 ChatGPT 扮演某一个著名的角色，以该角色的思维方式、写作风格等来回复现代生活中遇到的问题，从而达到娱乐的目的。

用户运用 ChatGPT 进行角色扮演时可以采用以下指令模板进行提问。

假设你是 ×××（著名的人物），看到 ××× 的社会现象或面临 ××× 选择，你会如何评价或有什么感想，请用 ×××（著名的人物）的口吻回复

采用指令模板让 ChatGPT 进行角色扮演的示例如图 28-3、图 28-4 所示。

假设你是陶渊明，穿越到现在，对于一份高薪但你不是很喜欢的工作，你会如何拒绝？请用陶渊明的口吻回复

尊敬的先生/女士，

愿安康。承蒙您的厚意，使我感到非常荣幸。然而，陶渊明素来视物质财富如浮云，更为珍视内心的宁静和情感的丰富。

在这个现代社会，我深知高薪工作可能是众多人梦寐以求的机会，但对于我而言，内心的欢愉与工作的喜好密不可分。我生平嗜读山水之书，好山好水，闲情雅致才是我所追求的生活理想。如今的工作虽然酬劳丰厚，却不符合我内心的向往，我宁愿以清贫自守，过着我钟爱的生活。

在此，我表心感谢您的慷慨提议，但我必须谢绝。希望您能够理解我的选择，并且期望未来有机会与您分享我的热爱和兴趣。祝愿您在事业与生活中一切顺利，心境宁静。

至此，愿您光明磊落，万事如意。

敬祝安康，

陶渊明

图28-3　ChatGPT进行角色扮演示例（1）

假设你是鲁迅，看到现在网友们在网上使用各种拗口的网络用语，如U1S1代替有一说一，你会如何评价，请用鲁迅的口吻回复

这些网络用语，诚然有其独特之处，但我深感担忧，以一言一语，虚掩思维之深邃，扭曲语言之美妙。在这个时代，信息传递之速度愈发加快，然而，这并不意味着我们应该放弃言辞的精湛与准确。一言一语，本应是我们思想与情感的真实反映，是文化与语言的精华所在。

如今，网络用语之泛滥，仿佛是一场语言的狂欢，但也不可否认，其中蕴含了年轻一代的创造力与个性。然而，我们不能忽视这种潮流可能导致的深刻问题。言辞之精确，不仅是文化传承之一环，更是我们思维之清晰表达。当我们将简化到极致的网络用语，奉为常态时，是否也在无形之中限制了我们的思考深度和表达能力？

我希望，年轻一代能够在保持个性与创造力的同时，保持对言辞的敬畏与重视。文化的传承需要我们不断探索、创新，但也需要我们坚守言辞之精湛，以免失去了我们作为人类的独特特质。愿我们能够找到平衡，让网络用语丰富而有深度，而非仅仅停留在简化与拗口之间。

图28-4　ChatGPT进行角色扮演示例（2）

122 成语接龙范例

成语接龙是最为常见的文本游戏，向 ChatGPT 简单交代好游戏规则，即可一直进行游戏。ChatGPT 的文本数据库可以满足大容量的成语接龙，用户无须担心 ChatGPT 会"卡壳"。

用户运用 ChatGPT 进行成语接龙游戏时可以采用以下指令模板进行提问。

我们来进行一个成语接龙游戏。我先给出一个成语，你按照成语的尾字读音进行成语接龙，当你给出的成语较为生僻时，应对成语进行解释。我的第一个成语是×××

采用指令模板让 ChatGPT 进行成语接龙游戏的示例如图 28-5 所示，让 ChatGPT 在成语接龙时，给出成语解释，可以判断 ChatGPT 给出成语的准确性。

> **CH** 我们来进行一个成语接龙游戏。我先给出一个成语，你按照成语的尾字读音进行成语接龙，当你给出的成语较为生僻时，应对成语进行解释。我的第一个成语是海阔天空

> **⑤** 好的，让我们开始成语接龙游戏！我接龙的成语是「空中楼阁」。这个成语表示虚构的、不切实际的事物，通常用来形容空想或不切实际的计划或构想。

> **CH** 格格不入

> **⑤** 接龙继续，我选择成语「入木三分」。这个成语意指描写得非常逼真、深刻，常用来形容文字、绘画或言辞等表现出的精细入微，深刻准确。

> **CH** 分秒必争

> **⑤** 接龙继续，我选择成语「争分夺秒」。这个成语意指争取每一分每一秒的时间，强调时间非常宝贵，要充分利用每一刻。

图28-5 ChatGPT进行成语接龙游戏示例

123 接诗词范例

用户可以给出一句诗词，让 ChatGPT 接前面或后面的诗词，达到娱乐目的同时还可以学习诗词。

用户运用 ChatGPT 进行接诗词游戏时可以采用以下指令模板进行提问。

　　我们来进行一个接诗词游戏。我先给出一句诗词，你需要接上诗词的下一句，且在必要时给出诗词的解释。我给出的第一句诗词是 ×××

采用指令模板让 ChatGPT 进行接诗词游戏的示例如图 28-6 所示。

需要注意的是，在与 ChatGPT 进行接诗词游戏时，因 ChatGPT 的诗词储备有限，有时会给出错误的答案，用户应有所辨别。

> **CH**　我们来进行一个接诗词游戏。我先给出一句诗词，你需要接上诗词的下一句，且在必要时给出诗词的解释。我给出的第一句诗词是"桃花潭水深千尺"

> **⑤**　好的，让我们开始接诗词游戏！接下来的一句是："不及汪伦送我情。"这句诗意味着纵使桃花潭的水有千尺深也远远不及汪伦表达的深情厚谊。如果需要的话，我可以继续解释诗词的含义。

> **CH**　床前明月光

> **⑤**　疑是地上霜。这句诗出自李白的《静夜思》，意为在床前看到的明亮月光，疑似洒在地上的霜。

> **CH**　不知细叶谁裁出

> **⑤**　二月春风似剪刀。

图28-6　ChatGPT进行接诗词游戏示例

124　脑筋急转弯范例

脑筋急转弯是一种考验脑力的趣味游戏，通过设置一些不在常规思维中的问题，找到逻辑漏洞给出让人觉得似是而非的回答，以此获得乐趣。

用户可以采用以下指令模板让 ChatGPT 回复脑筋急转弯问题。

　　我们来进行一个脑筋急转弯游戏。我会先给出一个题目，请你根据题目来作答，并给出相似的题目。我的第一个题目是 ×××

采用指令模板让 ChatGPT 回复脑筋急转弯问题的示例如图 28-7 所示。

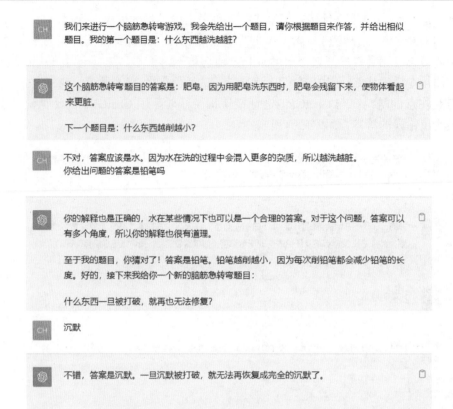

图28-7　ChatGPT回复脑筋急转弯问题示例（续）

与 ChatGPT 进行脑筋急转弯游戏时，重在体验游戏乐趣，必要时，用户也可以纠正 ChatGPT 的错误。

125／辩论交流范例

把 ChatGPT 当作好友，与 ChatGPT 探讨一些辩论题，或对某一个话题进行交流，这也是娱乐的一种方式。

用户运用 ChatGPT 进行辩论交流时可以采用以下指令模板进行提问。

假设我们是多年的好友，常常喜欢在一起探讨一些热门话题或有趣的现象，请以×××问题发表你的看法，要求表达口语化、简洁明了

采用指令模板让 ChatGPT 进行辩论交流的示例如图 28-8、图 28-9 所示。

> 假设我们是多年的好友，常常喜欢在一起探讨一些热门话题或有趣的现象，请以"人一定要成熟吗？"为题发表你的看法，要求表达口语化、简洁明了

图28-8　ChatGPT进行辩论交流示例（1）

成熟这个话题真的挺有意思的！我觉得人不一定非得成熟。成熟有时候是个相对的概念，因为每个人对成熟的定义都不一样。

有些人年纪轻轻就很成熟，而有些人年纪再大也可能一点都不成熟。成熟跟年龄不一定挂钩，更多地与生活经验和情感智慧有关。

但成熟确实有它的好处，比如更理性地处理问题、更有耐心、更会为自己的行为负责。但有时候也要保留童心，不要太过于严肃和拘谨。

总之，我觉得成熟不是一定要的，但在合适的时候、合适的地方，拥有一些成熟的品质是有益的。成熟和年龄无关，更关键的是个人的心态和经验积累。

但在社会生活中，我们不成熟好像就会容易显得格格不入、不合群，这种不合群好像很容易让人妥协，所以我感觉成熟还挺重要的，是人必须经历的阶段

你说得对，社会确实对成熟有一定的期望。成熟可以帮助人更好地适应社会的规则和期望，避免不必要的冲突和误解。在某些情况下，不成熟可能会让人感觉格格不入，而且可能导致不必要的困难。

然而，也要注意到成熟不是一个一劳永逸的状态，而是一个逐渐发展和提高的过程。人们可以在不断的学习和成长中变得更加成熟，这不一定需要经历一个特定的阶段。

重要的是要寻求平衡，既要保持一些童心和独立思考的能力，又要在需要时展现成熟的一面。不同的情境可能需要不同的反应，而灵活地适应这些情境是很重要的。

总之，成熟确实在社会中有它的重要性，但并不是必须经历的阶段，而是一个可以不断发展的品质。最终，关键是找到适合自己的平衡点。

图28-8　ChatGPT进行辩论交流示例（1）（续）

假设我们是多年的好友，常常喜欢在一起探讨一些热门话题或有趣的现象，请以"延迟满足是一种骗局吗？"为题发表你的看法，要求表达口语化、简洁明了

延迟满足到底是不是一种骗局呢？我觉得这得看情况。

有时候，延迟满足可以是一种明智的选择。比如说，你可以选择延迟买一件昂贵的东西，以便在未来更好地享受它，而不是立刻花光所有的钱。这样可以帮助你更好地规划财务，避免过度消费。

但是，如果延迟满足变成了一种拖延症，让你错失了机会或让生活变得无趣，那就不太好了。有时候，我们应该懂得及时享受生活，不要总是把快乐推到未来。

总之，延迟满足并不一定是骗局，它可以是一种理智的选择，但也要避免过度延迟，错失了人生的美好。关键是要在不同情况下权衡利弊，找到适合自己的平衡点。

图28-9　ChatGPT进行辩论交流示例（2）

是这样的。我觉得人之所以会发出这个疑问，大多是我们的付出很难得到及时的满足，比如阅读，很难说读完一本书后立马就会得到某方面的提升，所以人会感到怀疑。我们探讨的问题应该是一件事很难立马就看到成效，我们还应不应该付出努力去做？

你说得对，很多时候，我们的努力不会立刻看到成效，这会让人产生怀疑和不耐烦。但这并不意味着我们不应该去做那些需要时间才能看到成果的事情。

首先，有些事情确实需要时间和持续的努力才能取得长期的收益。比如你提到的阅读，读一本书可能不会立刻改变你，但如果你坚持阅读，长期下来，你的知识和见识会逐渐积累，对你的提升会有积极的影响。

其次，很多有价值的事情本来就不是立竿见影的。人生中的成长和进步通常都是渐进的过程，需要耐心和坚持。如果我们因为没有即时的回报而放弃，那就可能错失了未来的机会和成就。

最重要的是，追求某种目标或兴趣本身就应该是有乐趣的过程。如果我们只关注结果，而不享受过程，那么就容易感到沮丧。因此，即使不是立即见效，但如果我们对某件事情感兴趣，并且能够从中学到东西，那么值得坚持下去。

总之，尽管一些事情可能不会立刻看到成效，但如果我们相信它们的价值，并且在过程中积累经验和知识，最终会看到长期的好处。付出努力去做这些事情是值得的，只要我们保持耐心和坚持。

图28-9 ChatGPT进行辩论交流示例（2）（续）

126 品读藏头诗范例

藏头诗，又名"藏头格"，是诗歌的一种形式，一般将某个字词或某件事藏在诗句中，不直接表明，需要人品味才能看出意蕴。藏头诗可以传达作者的某种特定情感，用户可以让 ChatGPT 品读自己写的藏头诗，从中体会文字乐趣。

用户运用 ChatGPT 品读藏头诗时可以采用以下指令模板进行提问。

我们来玩一个品读藏头诗的游戏。我会先给出一首诗，你需要找出诗中所"藏"的字词是什么，并解读诗中蕴含的情感。我给出藏头诗是：×××

采用指令模板让 ChatGPT 品读藏头诗的示例如图 28-10、图 28-11 所示。

我们来玩一个品读藏头诗的游戏。我会先给出一首诗，你需要找出诗中所"藏"的字词是什么，并解读诗中蕴含的情感。我给出藏头诗是：
中夜清寒月影斜，
秋云漫卷舞天涯。
佳节喜庆团圆饭，
节令更迭岁月华。

图28-10 ChatGPT品读藏头诗示例（1）

这是一首藏头诗，根据每句的首字，可以组成"中秋佳节"。现在，我将解读这首藏头诗蕴含的情感：

中夜清寒月影斜（中）
中秋之夜，夜色清寒，月影斜照，营造出宁静、幽雅的夜晚氛围，带有淡淡的忧郁情感。

秋云漫卷舞天涯（秋）
秋天的云朵如同舞者一般，自由自在地卷舞在天涯，表达了对自然景色的赞美和对秋天宜人气息的追求。

佳节喜庆团圆饭（佳）
佳节之际，家人团聚，庆祝喜事，弥漫着欢乐、温馨的氛围，带有家庭温暖和团聚的情感。

节令更迭岁月华（节）
时间的流转，节令更迭，岁月如华，反映了生命的不断变迁和充实，带有对时间流逝的思考和对人生的感慨。

综合解读，这首藏头诗通过描绘中秋时节的自然景色和家庭团圆的场景，传递出对美好时光的向往和对家人、岁月的眷恋之情。

🗍 👎 ↺

图28-10 ChatGPT品读藏头诗示例（1）（续）

你解读得很准确！下面看看另一首吧
举杯畅饮庆团圆，
国泰民安乐无边。
欢声笑语传千里，
庆贺佳节喜盈门。

这是一首藏头诗，根据每句的首字，可以组成"举国欢庆"。现在，我将解读这首藏头诗蕴含的情感：

举杯畅饮庆团圆（举）
在团圆的时刻，举起酒杯，畅饮欢庆，充满了欢乐和庆祝的情感，寄托着对美好时刻的祝愿。

国泰民安乐无边（国）
祝福国家安泰、人民安康，平安无边，表达了对国家繁荣和民众安乐的美好祝愿。

图28-11 ChatGPT品读藏头诗示例（2）

欢声笑语传千里（欢）
团圆的喜悦，笑语欢声传递千里，传递了欢欣鼓舞的情感，带有愉悦和愉快的氛围。

庆贺佳节喜盈门（庆）
在佳节来临之际，庆贺之声喜盈门，预示着节日的热闹和幸福，寓意着家庭的欢庆。

综合解读，这首藏头诗通过描绘庆祝团圆的场景，表达了对国家繁荣、人民安康的祝福，以及在节庆之际带来的欢欣愉快的情感。整体反映了喜庆和祥和的氛围，以及对美好未来的期盼。

图28-11　ChatGPT品读藏头诗示例（2）（续）

第 29 章　游戏研发指令与范例

　　在养成式游戏中，游戏的乐趣主要来自于模拟或虚构现实、角色扮演，玩家可以在其中体验不同的乐趣。因此，这类游戏在研发时需要构建游戏场景、设计很多人物对话和情节，运用 ChatGPT，可以为游戏设计者提供这方面的灵感。

127 指令应用步骤

一款游戏的研发，首先会由主策划人员策划出整个游戏的设定，包括但不限于游戏的世界观、玩法、角色设定和剧情，这些设定奠定了游戏研发的基础，为后续的工作进程提供了指导。用户让 ChatGPT 充当游戏的主策划师，可以以 AI 的视角来策划游戏。

本节将以让 ChatGPT 进行游戏策划为例，介绍 ChatGPT 应用于游戏研发的操作步骤。

 赋予身份，提出要求：在 ChatGPT 输入框中输入指令，如 "请你充当一名游戏主策划师，设计一款养成式游戏，包括游戏的世界观、玩法、角色设定和剧情等"，然后按 Enter 键确认，ChatGPT 即会生成游戏策划，如图 29-1 所示。

> 当然，我很乐意设计一款养成式游戏！以下是我的创意概念：
>
> **游戏名称：**《幻想之境：光与影》
>
> **世界观：**
> 在一个充满神秘和魔法的幻想世界中，玩家将进入一座名为"幻想之境"的神秘城市。这座城市位于一片魔法森林和神秘湖泊之间，充满了各种奇幻生物和魔法生物。幻想之境的居民是各种各样的魔法使者、精灵、兽人和其他奇特的生物，每个都有自己独特的能力和特点。
>
> **玩法：**
> 玩家将扮演一名年轻的魔法学徒，来到幻想之境寻找自己的命运。游戏的主要玩法包括：
>
> 1. **学习魔法：** 玩家可以通过参加各种魔法课程来提高自己的魔法技能。不同的课程将教授不同类型的魔法，如火、水、风、地等，玩家可以根据自己的喜好选择。
> 2. **探索幻想之境：** 玩家可以自由探索城市和周围的环境，与居民互动，发现隐藏的宝物和任务。城市中有各种各样的地点，如魔法书店、魔药店、神秘森林、湖泊和神庙等等。
> 3. **与角色互动：** 玩家可以与各种各样的角色建立友谊或恋爱关系。这些关系将影响游戏的进程和结局，玩家的选择将决定他们的故事走向。
> 4. **解锁剧情：** 游戏中将有一个复杂的主线剧情，涉及神秘的魔法威胁、城市的历史秘密和玩家的命运。玩家需要解开谜团、完成任务，逐渐揭示故事的真相。
>
> **角色设定：**
>
> 1. **玩家角色：** 年轻的魔法学徒，刚刚来到幻想之境，拥有潜在的强大魔法潜力。
> 2. **导师角色：** 一位慈祥的老魔法师，将指导玩家学习魔法，担任玩家的导师。
> 3. **城市居民：** 包括各种各样的魔法使者、精灵、兽人和其他奇特的生物，每个都有自己的故事和个性。
> 4. **反派角色：** 神秘的黑暗魔法师，企图利用城市的魔法力量来实现自己的邪恶计划。
>
> **剧情：**
> 游戏的剧情将围绕着玩家逐渐揭示幻想之境的历史秘密和黑暗威胁的故事展开。玩家将学习不同类型的魔法，结交各种朋友，解锁城市各处的谜团，并最终与黑暗魔法师进行决战，保卫幻想之境的和平。
>
> 这款游戏将强调玩家的选择和互动，让他们塑造自己的角色和故事。同时，美丽的幻想世界、各种各样的角色和精彩的剧情将为玩家提供一次奇妙的冒险。

图29-1　ChatGPT生成的游戏策划

STEP 02 根据设定，追加提问：在输入框中继续输入指令，继续追问游戏的详细信息，如"主线剧情是什么，如何与玩家产生联系？"，然后按 Enter 键确认，ChatGPT即会给出更多游戏策划的信息，如图 29-2 所示。

 主线剧情是《幻想之境：光与影》的核心，它涉及幻想之境的历史秘密、黑暗威胁以及玩家的命运。以下是主要情节和与玩家的联系方式：

主线剧情概述：

第一阶段 - 初次来到幻想之境： 玩家刚刚来到幻想之境，成为一名年轻的魔法学徒。在城市中，玩家结识了一位慈祥的老魔法师，成为其学生，并开始学习各种魔法。玩家还与城市的居民建立了友谊或恋爱关系，深入了解了城市的文化和历史。

第二阶段 - 揭示历史秘密： 玩家在城市的探索中逐渐发现了一些神秘迹象，暗示着幻想之境的历史远比他们想象的要复杂。玩家开始调查这些迹象，解锁了城市的一些古老秘密。这些秘密涉及一位曾经拥有强大魔法力量的魔法师，他的命运和城市的命运紧密相连。

第三阶段 - 黑暗威胁浮现： 玩家的调查引起了黑暗魔法师的注意，他开始对幻想之境的魔法力量产生兴趣，并企图控制它们以实现自己的邪恶计划。玩家必须集结他们的魔法技能、朋友和知识，与黑暗魔法师进行对抗。

第四阶段 - 最终对决和解决方案： 最终，玩家将与黑暗魔法师进行决战，以保卫幻想之境的和平。在这个决战中，玩家将运用他们学到的魔法技能，同时也需要依靠他们与城市居民建立的关系来获得支持。决战的结果将决定幻想之境的未来命运。

与玩家的联系方式：

与主线剧情的联系方式是通过玩家的选择和互动来建立的。玩家的行动和决策将影响故事的发展和结局。例如，他们可以选择探索不同的地点，与不同的角色建立不同类型的关系，或者决定如何处理关键的情节冲突。

此外，玩家的魔法技能和知识水平也会影响他们在剧情中的角色。通过学习不同类型的魔法和完成任务，玩家可以解锁不同的情节选项和结局。这种与玩家的联系方式将使玩家感到他们的选择对游戏世界和故事产生了真正的影响，增加了游戏的回放价值。

图29-2　ChatGPT给出的更多游戏策划的信息

128 / 游戏系统设计范例

以上一例中的养成式游戏为例，用户可以让 ChatGPT 设计一个养成式系统，将游戏策划变为真正可行的游戏机制。

用户运用 ChatGPT 进行游戏系统设计时可以采用以下指令模板进行提问。

请你充当一名游戏开发师，根据以下游戏策划信息生成整个游戏系统的代码（另起一行，提供游戏策划信息）

采用指令模板让 ChatGPT 进行游戏系统设计，生成游戏系统代码的示例如图 29-3所示。

要创建一个基于上述游戏策划信息的游戏系统，我们需要使用一个编程语言和游戏引擎来实现这个游戏。以下是一个简化的游戏系统代码的示例，使用Python和Pygame库来创建一个基本的游戏框架。请注意，这只是一个概念性的示例，实际的游戏开发需要更多的细节和资源。

```python
import pygame
import random

# 初始化Pygame
pygame.init()

# 游戏窗口尺寸
SCREEN_WIDTH = 800
SCREEN_HEIGHT = 600

# 游戏颜色
WHITE = (255, 255, 255)

# 创建游戏窗口
screen = pygame.display.set_mode((SCREEN_WIDTH, SCREEN_HEIGHT))
pygame.display.set_caption("幻想之境：光与影")

# 游戏循环标志
running = True

# 定义玩家角色
class Player(pygame.sprite.Sprite):
    def __init__(self):
        super().__init__()
        self.image = pygame.Surface((50, 50))
        self.image.fill((255, 0, 0))
        self.rect = self.image.get_rect()
        self.rect.center = (SCREEN_WIDTH // 2, SCREEN_HEIGHT // 2)

# 创建玩家对象
player = Player()

# 创建精灵组
all_sprites = pygame.sprite.Group()
all_sprites.add(player)
```

图29-3　ChatGPT生成游戏系统代码示例

```
# 游戏主循环
while running:
    for event in pygame.event.get():
        if event.type == pygame.QUIT:
            running = False

    # 更新游戏逻辑
    all_sprites.update()

    # 清空屏幕
    screen.fill(WHITE)

    # 绘制精灵
    all_sprites.draw(screen)

    # 刷新屏幕
    pygame.display.flip()

# 退出游戏
pygame.quit()
```

图29-3　ChatGPT生成游戏系统代码示例（续）

可以看出，ChatGPT 根据游戏策划信息给出了简单的创建游戏窗口和游戏角色的代码，为游戏开发者提供参考。

在实际的游戏开发中，游戏开发者还需要添加魔法学习、角色互动、剧情线、敌人、任务等游戏功能，以及设计角色形象、界面、地图等游戏素材，这是一个复杂的过程，需要团队协助完成。

129　游戏人物设计范例

在游戏研发的过程中，游戏人物的外在形象、性格特征、技能设定等也是重要的设计内容，在 ChatGPT 的帮助下，游戏美术设计者都可以获得一定的灵感。

用户运用 ChatGPT 进行游戏人物设计时可以采用以下指令模板进行提问。

请你充当一名游戏美术设计师，根据以下游戏策划信息设计出具体的游戏人物，包括外在形象、性格特征、拥有技能等（另起一行，提供游戏策划信息）

采用指令模板让 ChatGPT 进行游戏人物设计，在 ChatGPT 输入框中输入指令，如"请你充当一名游戏美术设计师，根据以下游戏策划信息设计出具体的游戏人物，包括外在形象、性格特征、拥有技能等（另起一行，输入前面案例中的游戏策划）"，ChatGPT 会给出游戏人物设计，如图 29-4 所示。

根据游戏策划信息，我为《幻想之境：光与影》设计了以下主要游戏人物：

1. 玩家角色 - 玛琳娜

外在形象： 玛琳娜是一名年轻的女性，拥有金色的长发和明亮的蓝眼睛。她穿着一件带有流苏的紫色长袍，象征着她的魔法学徒身份。她的魔法手套上镶嵌着闪烁的宝石。

性格特征： 玛琳娜聪明勇敢，但也有一些天真。她对魔法充满好奇，寻求自己的命运，但也需要导师的指导来发挥她的潜力。她是一个积极向上的人，总是愿意帮助他人。

拥有技能： 玛琳娜的魔法潜力潜在强大，她可以学习不同类型的魔法，包括火、水、风、地等。玩家可以根据自己的选择来提升她的不同技能，解锁新的咒语和能力，用于战斗和解决谜题。

2. 导师角色 - 赛勒斯

外在形象： 赛勒斯是一位年长的男性魔法师，拥有银白色的长发和深邃的绿眼睛。他穿着一件蓝色长袍，上面绣着古老的魔法符文。他手持一根象征着智慧的法杖。

性格特征： 赛勒斯是一位慈祥的导师，对玛琳娜充满关爱和耐心。他具有丰富的魔法知识和经验，但也有着神秘的过去。他将引导玩家学习各种魔法，同时也在故事中起到解密城市历史和黑暗威胁的关键角色。

3. 城市居民 - 艾莉娜

外在形象： 艾莉娜是一名优雅的精灵女性，拥有长长的银色头发和翠绿的眼睛。她穿着一袭华丽的绿色长裙，头戴花环。

性格特征： 艾莉娜是幻想之境中的一名知识渊博的精灵学者，热爱自然和魔法。她会向玩家提供关于城市历史和魔法的重要信息，成为玛琳娜的良好朋友和支持者。

4. 反派角色 - 阿尔卡冯

外在形象： 阿尔卡冯是一名高大的黑暗魔法师，身披黑色斗篷，面容阴沉，眼睛闪烁着邪恶的红色光芒。他手持一根炽热的黑暗法杖。

性格特征： 阿尔卡冯是一个野心勃勃、冷酷无情的反派角色，渴望利用幻想之境的魔法力量来实现自己的邪恶计划，危害城市和居民。他是一个强大的对手，玛琳娜需要不断学习和成长才能对抗他。

剧情将随着玩家与这些角色互动而逐渐展开，玛琳娜将在学习魔法、解锁剧情、结交朋友的过程中揭示城市的历史秘密，并最终与阿尔卡冯进行决战，捍卫幻想之境的和平。

图29-4 ChatGPT给出游戏人物设计示例

第 30 章　沟通话术指令与范例

　　无论是在工作、学习，还是日常生活中，都免不了人与人之间的沟通、交流。好的沟通能够帮助快速解决问题、提供办公效率、增进亲朋好友之间的友谊，而实现好的沟通需要掌握一定的技巧。用户巧用 ChatGPT，可以获得沟通话术的指导。

130 / 指令应用步骤

在人际交往中，好的沟通话语可以帮助结交优良好友、促成团队合作、实现共同目标等。但好的沟通话语并非人人都能掌握，大部分人都需要通过后天的学习与积累，而在 ChatGPT 的帮助下，可以让我们快速地积累到有效的沟通话语。

本节将以让 ChatGPT 总结沟通话语为例，介绍将 ChatGPT 应用于人际沟通的操作步骤。

STEP 01 询问建议，获得信息：在 ChatGPT 输入框中输入指令，如"好的沟通话语应当是怎样的？"，然后按 Enter 键确认，ChatGPT 即会给出与沟通话语有关的信息，如图 30-1 所示。

好的沟通话语应当具备以下特点：

1. 清晰明了：话语应该简洁明了，避免使用模糊不清或复杂的词汇和句子。确保你的意思能够被对方准确理解。

2. 尊重和礼貌：在沟通中要保持尊重和礼貌，避免冒犯或伤害对方的感情。使用请和谢谢等礼貌用语，表达对对方的尊重。

3. 聆听：好的沟通是双向的，要积极倾听对方的意见和观点，而不仅仅是单方面地表达自己的观点。确保你理解了对方在说什么，可以通过提问题或重述对方的话语来确认。

4. 适应受众：考虑你的受众是谁，选择合适的语言和风格。用简单的语言与非专业人士交流，使用专业术语与专业人士沟通。

5. 避免冗余：避免重复或不必要的信息。尽量保持言之有物，使对话更加高效。

6. 表达自己的需求：如果你有特定的需求或期望，要坦率地表达出来，而不是期望对方能够猜测你的想法。

7. 非语言沟通：不仅要关注言辞，还要注意肢体语言、面部表情和声音的调调。这些非语言元素也可以传达重要的信息。

8. 引导对话：如果你希望对话朝特定方向发展，可以使用引导性的问题或评论，以便引导对方参与讨论。

9. 反馈：如果对方提出问题或提供反馈，要认真对待并作出适当的回应，以维护积极的对话氛围。

10. 灵活性：有时候需要灵活地调整自己的话语，以适应不同情境和对方的反应。不要僵化地坚持某种表达方式。

图30-1　ChatGPT给出的与沟通话语有关的信息

STEP 02 提出问题，获得模板：在输入框中继续输入指令，如"请提供一些能够在职场中有效沟通的话语模板"，然后按 Enter 键确认，ChatGPT 即会生成有效的职场沟通话语模板，如图 30-2 所示。

在职场中，有效沟通是非常重要的，以下是一些常用的职场沟通话语模板，可以帮助你更好地与同事、上司和客户进行交流：

1. **表达感谢和赞赏**
   - "感谢你的辛勤工作，这次项目取得了很大的成功。"
   - "我真的很感激你的支持和合作。"

2. **提出建议和改进**
   - "我想提出一个关于我们工作流程的建议。"
   - "我认为我们可以通过做出一些改变来提高效率。"

3. **请求帮助或支持**
   - "我需要一些额外的时间来完成这个任务，你能帮助我吗？"
   - "我对这个项目有一些困惑，你能给我一些建议吗？"

4. **安排会议或讨论**
   - "我们可以安排一个会议来讨论这个议题吗？"
   - "我建议我们明天早上开个会，以确保大家都在同一页面上。"

5. **反馈和评价**
   - "我认为你在这个项目中的表现非常出色。"
   - "我希望我们可以谈一谈你的工作表现，以找到改进的机会。"

6. **提出建议或解决问题**
   - "我认为我们可以通过采取这种方法来解决这个问题。"
   - "我建议我们重新评估我们的策略，以确保我们达到目标。"

7. **协调工作和分配任务**
   - "我将分配这个任务给你，你可以在截止日期前完成吗？"
   - "我们需要协调一下工作流程，以确保任务分配均匀。"

8. **回应请求和问题**
   - "我会尽快回复你的邮件，并解决你提出的问题。"
   - "我明白你的担忧，我们会采取措施来解决这个问题。"

9. **提供反馈和建议**
   - "我认为你的提案非常有潜力，但还有一些改进的空间。"
   - "如果你需要任何反馈或建议，随时来找我。"

10. **结束对话或会议**
    - "谢谢你的时间，我们会继续保持联系。"
    - "感谢大家的参与，会议到此结束。"

图30-2　ChatGPT生成有效的职场沟通话语模板

131 / 高情商回复范例

无论在线上网络世界，还是在线下现实生活中，高情商回复都是极为人所追捧的一个技能。尤其是当人们面临着长辈的关心、领导的催促、好友的抛梗时，高情商回复能够营造一个平和的对话氛围。

在 ChatGPT 的帮助下，用户可以获得高情商回复的模板，再根据实际情况进行调整，便可以在人际沟通中达到舒适的状态。

用户运用 ChatGPT 生成高情商回复时可以采用以下指令模板进行提问。

请根据以下情境给出高情商回复，要求表现出尊重和礼貌（另起一行，输入情境）

采用指令模板让 ChatGPT 生成高情商回复的示例如图 30-3 所示。

CH 请根据以下情境给出高情商回复，要求表现出尊重和礼貌
情境：春节假期回家，亲戚问刚工作不久的我，一个月的工资多少？我有点羞于启齿，不知道应该怎么回复

在这种情境下，你可以给出一个既尊重又礼貌的回复，同时保护自己的隐私。你可以说：

"嗯，谢谢你的关心。我的工资情况还不是很稳定，所以暂时还不太方便分享具体数字。不过，我很感激你对我的关心和支持。你过得好吗？"

这样的回答表明你理解他们的好意，但也表达出你希望保留一些个人隐私的意愿。同时，询问他们的情况也能转移话题，让对话变得更加互惠互利。

图30-3　ChatGPT生成高情商回复示例

132 与领导沟通范例

对于职场人而言，与领导沟通也是一门学问，好的沟通方式关乎着自己的职场地位、办公方式和效率，因此掌握好的沟通方式尤为重要。运用 ChatGPT 生成沟通模板是快速掌握好的沟通方式的途径。

用户运用 ChatGPT 获取与领导沟通的技巧时可以采用以下指令模板进行提问。

请提供一些适合与领导进行线上沟通的话语模板，用于 ×××情形，要求 ××X

采用指令模板让 ChatGPT 提供与领导沟通的技巧的示例如图 30-4 所示。

CH 请提供一些适合与领导进行线上沟通的话语模板，可以用于汇报工作、沟通事宜、请假等情形，要求语气委婉

以下是一些适合与领导进行线上沟通的委婉语气的话语模板，涵盖了汇报工作、沟通事宜、请假等情形：

1. 汇报工作
- "尊敬的领导，我想与您分享一下我最近的工作进展。"
- "希望您能花点时间了解一下我在项目中的最新情况。"

2. 请求意见或建议
- "我希望听听您对这个问题的看法，您的意见对我很重要。"
- "如果您有任何建议或想法，我将非常感激您的分享。"

图30-4　ChatGPT提供与领导沟通的技巧示例

3. 请假申请
- "我不得不请求一天的假期，希望您能理解。"
- "由于一些突发情况，我需要请假一段时间，我会尽力确保工作不受影响。"

4. 提出疑虑或问题
- "我有一些疑虑，我希望能够与您讨论一下，以找到解决方案。"
- "我遇到了一个问题，想请教一下您的看法，看是否有更好的解决方法。"

5. 表达感谢和尊重
- "感谢您一直以来的支持和指导，我非常感激。"
- "我非常尊重您的意见和决策，将全力配合执行。"

6. 提出建议或改进建议
- "我有一些建议，希望能为团队的进步提供一些帮助。"
- "我认为我们的流程可能还有改进的空间，我想分享一些想法，看看是否有改善的可能性。"

7. 请求时间或支持
- "如果您有时间，我想请您安排一个会议，以便更详细地讨论这个问题。"
- "如果您能提供一些支持或资源，将有助于我们更好地完成这个任务。"

以上这些模板可以根据具体情况进行调整和定制，以确保您的沟通方式适应特定的情境和关系。同时，要保持礼貌、尊重和感谢的语气，以维护良好的领导与员工关系。

图30-4　ChatGPT提供与领导沟通的技巧示例（续）

133／团队合作交流范例

在日常的学习和办公中，团队合作是常见的模式。为了有效地完成学习任务、推进工作进程，掌握好的团队沟通方式是十分有必要的，运用 ChatGPT，用户可以获得一些团队沟通技巧参考。

用户运用 ChatGPT 获取团队沟通的技巧时可以采用以下指令模板进行提问。

请提供一些适合用于团队沟通的话语模板，为了达成×××的目的

采用指令模板让 ChatGPT 提供团队沟通的技巧的示例如图 30-5 所示。

CH　请提供一些适合用于团队沟通的话语模板，为了更快地完成办公物品采购项目

以下是一些适合用于团队沟通，以加速办公物品采购项目的话语模板：

1. **项目介绍**
- "大家好，我想介绍一下我们新的办公物品采购项目。这个项目的目标是确保我们有足够的办公用品，以支持我们的工作效率。"

2. **项目目标**
- "我们的目标是确保所有团队成员都有所需的办公用品，以免影响他们的工作进度。"

3. **时间表**
- "我们计划在下个月底之前完成这个项目，以便大家都能在需要的时候得到所需的物品。"

图30-5　ChatGPT提供团队沟通的技巧示例

4. **分工**
   - "为了高效完成这个项目，我们将分工明确，每个人都负责特定的采购任务。"
5. **采购清单**
   - "我们已经准备好了采购清单，列出了我们需要的办公用品以及数量。"
6. **预算**
   - "我们的预算是XX美元，我们将确保在预算范围内完成采购。"
7. **采购渠道**
   - "我们将通过XX供应商进行采购，因为他们提供了我们需要的物品，并且价格合理。"
8. **沟通和反馈**
   - "我们将定期召开会议，以更新项目进展情况，并欢迎大家提供任何反馈或建议，以确保项目的顺利进行。"
9. **问题解决**
   - "如果在项目中遇到任何问题或挑战，我们鼓励大家及时报告，并共同解决这些问题，以确保项目不受阻碍。"
10. **感谢支持**
    - "最后，我想感谢大家的支持和合作，让这个项目顺利完成，确保我们的团队拥有必要的工作工具。"

图30-5　ChatGPT提供团队沟通的技巧示例（续）

134　真诚夸赞他人范例

在人际交往中，夸赞往往是拉近人际距离的有效途径，但并非人人都会夸赞，让人听起来舒适、真诚的夸赞才是有效的。运用 ChatGPT，用户可以获得真诚夸赞他人的话语模板。

用户运用 ChatGPT 生成真诚夸赞他人的话语模板时可以采用以下指令模板进行提问。

请提供一些夸赞他人的模板，体现×××（恋人的优点、领导穿搭等），要表现出真诚、给人舒服的感觉

采用指令模板让 ChatGPT 生成真诚夸赞他人的话语模板的示例如图 30-6 所示。

CH 请提供一些夸赞他人的模板，体现女朋友的外在气质、内在心灵和随和的性格，要表现出真诚、给人舒服的感觉

当你要夸赞女朋友的外在气质、内在心灵和随和的性格时，可以使用以下模板，但请记得根据具体情况进行适当的修改，以使赞美更真诚和个性化：

1. **外在气质**
   - "亲爱的，你的外貌真是美不胜收。你那明亮的眼睛总是让我迷失在其中，你的微笑则是这个世界上最迷人的。无论你穿什么，你总是看起来如此时尚和迷人。"
2. **内在心灵**
   - "你的内在美与你的外表一样令人印象深刻。你的善良、体贴和善解人意让我感到幸运。你总是愿意倾听我，理解我，支持我，这让我感到无比幸福。你拥有一个善良的灵魂，它照亮了我生活的每一天。"

图30-6　ChatGPT生成真诚夸赞他人的话语模板示例

3. 随和的性格
- "你的随和性格真的是我们的关系中的一大亮点。无论发生什么事，你总是冷静、平和而理解。和你在一起，我总是感到轻松自在。你的幽默感也总是让我们笑声不断，让每一天都充满欢笑。"

4. 真诚和舒适感
- "与你在一起总是那么自然和舒适。你的真诚和坦率让我感到很幸福，因为我知道我可以完全信任你，与你分享我的一切。和你在一起，我真正地感到自己是完整和安全的，而且我觉得我们能够一起面对生活中的一切挑战。"

5. 总结性夸赞
- "亲爱的，你是我生命中的一道明亮的光。你的美丽不仅在外表上闪耀，更在你的内心灵魂中熠熠生辉。你的随和性格和真诚让我们的关系如此美好。我感到如此幸运能够与你分享这段美好的时光，我真的很爱你。"

图30-6　ChatGPT生成真诚夸赞他人的话语模板示例（续）

135／有效安慰他人范例

在人际交往中，安慰他人是一项重要的情感支持行为。通过给予关怀、理解和鼓励，我们可以帮助他人走出困境，重新找回内心的平静和自信。而在这个数字化时代，ChatGPT 等人工智能工具为我们提供了一种全新的方式来传递安慰和关怀。

在 ChatGPT 的帮助下，用户可以获得有效安慰他人的话语模板，顺利处理好友的情绪。用户运用 ChatGPT 生成有效安慰他人的话语模板时可以采用以下指令模板进行提问。

请提供一些有效安慰他人的话语模板，以应对 ××× 的情形，要让对方感到宽慰和舒心

采用指令模板让 ChatGPT 生成有效安慰他人的话语模板的示例如图 30-7 所示。

CH　请提供一些有效安慰他人的话语模板，以应对好友失恋，情绪不佳的情形，要让对方感到宽慰和舒心

当好友失恋或情绪不佳时，表达关心和支持是非常重要的。以下是一些有效的安慰话语模板，可以让对方感到宽慰和舒心：

1. "我真的很抱歉听到你的失恋。请记住，我一直在这里支持你，不管发生什么事情。"
2. "失恋是一种痛苦的经历，但它会过去的。你是如此坚强，我相信你会走出来的。"
3. "如果你需要一个肩膀依靠，或者只是想要聊天，随时都可以找我。我会倾听你的，不管你想说什么。"
4. "感情的结束并不代表你不值得被爱。你是一个了不起的人，而且有很多人在乎你，包括我在内。"
5. "这是一个艰难的时期，但它也是一个机会，让你更深入地了解自己。你会从这个经历中学到很多东西，变得更加坚强和成熟。"

图30-7　ChatGPT生成有效安慰他人的话语模板示例

6. "失恋可能让人感到孤独，但你并不孤单。我们的友情永远都在这里，无论你需要什么支持都可以找我。"

7. "有时候，放下旧的才能够给新的机会找到入口。未来会有更好的事情等待着你，我相信你会找到幸福的。"

8. "情感的治愈需要时间，所以不要急于康复。每天都是一步，一点一点地前进，你会慢慢恢复的。"

9. "你的情感健康非常重要，如果你觉得需要专业帮助或建议，不要犹豫去寻求。我们一起走过这段艰难的时期。"

10. "最重要的是，不要忘记照顾好自己。吃好、休息好、保持积极的心态，这些都会帮助你更快地走出阴霾。"

图30-7　ChatGPT生成有效安慰他人的话语模板示例（续）